高等职业教育机电类专业新形态教材

数字化精密制造技术

主　编　赵明威　蔡锐龙

副主编　吴玉文　王　帅

参　编　邬　凯　周新涛　王　英
　　　　赵　恒　樊　星　赵　亮

机械工业出版社

本书为 2022 年陕西省地方课程地方教材及教辅资源研究课题："'双高'建设背景下职业教育活页式教材开发研究与实践"研究成果，同时也是 1+X 职业技能等级证书（精密数控加工）课证融通教材。本书由基础知识篇、仿真加工篇、实操加工篇三大模块组成，虚实结合，既注重 CAM 和虚拟仿真等数字化手段的应用，又重视机床实操与验证，各个任务教学知识点为递进关系，符合技术技能人才的成长规律。

本书可作为职业院校机械类专业教材，也适用于制造业相关技术培训，还可供从事机械设计、机械制造的工程技术人员参考。

本书采用双色印刷，配套有省级在线课程——智慧树平台《数字化精密制造技术》，涵盖微课、动画等资源，并以二维码形式嵌于书中相应知识点处，学生用手机扫码即可观看。本书还配有相关资源，凡使用本书作为教材的教师可登录机械工业出版社教育服务网 www.cmpedu.com 注册后免费下载。咨询电话：010-88379375。

图书在版编目（CIP）数据

数字化精密制造技术/赵明威，蔡锐龙主编. —北京：机械工业出版社，2024.1

高等职业教育机电类专业新形态教材

ISBN 978-7-111-74766-6

Ⅰ．①数…　Ⅱ．①赵…②蔡…　Ⅲ．①数字化-机械制造工艺-高等职业教育-教材　Ⅳ．①TH16-39

中国国家版本馆 CIP 数据核字（2024）第 005100 号

机械工业出版社（北京市百万庄大街 22 号　邮政编码 100037）

策划编辑：王英杰	责任编辑：王英杰
责任校对：张爱妮　丁梦卓　闫　焱	封面设计：张　静

责任印制：单爱军

北京虎彩文化传播有限公司印刷

2024 年 3 月第 1 版第 1 次印刷

184mm×260mm · 17.25 印张 · 423 千字

标准书号：ISBN 978-7-111-74766-6

定价：49.80 元

电话服务　　　　　　　　　网络服务

客服电话：010-88361066　　机　工　官　网：www.cmpbook.com

　　　　　010-88379833　　机　工　官　博：weibo.com/cmp1952

　　　　　010-68326294　　金　书　网：www.golden-book.com

封底无防伪标均为盗版　　机工教育服务网：www.cmpedu.com

前　言

在当今制造业发展的关键驱动力中，数字化精密制造技术发挥着重要的作用。融合了先进计算机技术、智能化设备和精密加工工艺的数字化精密制造技术，使制造过程变得更加高效、精确和可控。数字化精密制造技术的广泛应用，使传统制造流程得到了显著改进和优化。通过数字化手段，制造企业能够全面管理和控制工艺准备、精密数控加工工艺设计、测量与补偿工艺设计。这种数字化方式不仅提升了产品质量和生产率，还使企业能够更加灵活地应对市场需求的变化。

数字化精密制造技术的快速发展也带来了新的挑战和需求。制造企业需要培养掌握数字化精密制造技能的专业人才，以适应日益复杂和智能化的生产环境。因此，深入了解和掌握数字化精密制造技术，已成为机械类专业职业教育的重要任务。

本书内容与1+X精密数控加工职业技能等级证书相配套，书中结合了精密制造领域的典型案例，全面深入地探讨了数字化精密制造技术的各个方面。本书包含以下技术内容：工艺准备、精密数控加工工艺设计、测量与补偿工艺设计、虚拟制造物理环境搭建、在机测量系统准备、设备运行准备、程序调试准备、精密加工过程编程、在机测量编程、精密数控加工与安全生产、工件手工检测、工件在机检测、数控机床精度管控、数控机床维护保养以及简单故障处理。

本书内容分为三个模块：基础知识篇、仿真加工篇和实操加工篇。在基础知识篇中，全面介绍了数字化精密制造技术的概念以及精密加工的基础知识。仿真加工篇通过槽轮、创意直尺、刀爪卡钳座、支撑座、立体书签、起落架支架、小叶轮等实例零件，系统地介绍了零件图样分析、工艺分析、工艺设计、刀具方案设计、夹具方案设计、参数化编程及程序调试、上机加工验证等内容，将所学知识运用到实际问题中。实操加工篇则着重培养实践能力、技术应用能力和解决问题的能力，侧重于机床操作、参数化编程操作、支撑座数控加工、起落架支架数控加工等实际操作技能的训练。通过这三个模块的有机组合，读者能够系统学习数字化精密制造领域的知识和技能。全书进行整体设计，旨在全方位提升学习效果，使学生在数字化精密制造领域具备扎实的理论基础和实践能力。

在编写过程中，编者团队充分考虑了模块化教学的要求，模块以"基础知识+虚拟仿真+实际加工"形式组成，虚拟仿真与上机实操结合，通过软件生成仿真程序，在机床端进行验证。模块内容由浅入深、循序渐进，工程实践性强。

本书主要体现了如下特色：

1. 注重培养兴趣和创新意识。

本书基于"兴趣驱动的学做创"教学理念，旨在激发学生对数字化精密制造技术的兴趣和创新意识。我们深知：学习的动力源于兴趣和激情，因此本书设计注重生动有趣的案例和实践活动，引导学生积极参与学习并主动探索，培养其对于数字化精密制造技术的浓厚兴趣和自主学习能力。

2. 实用案例和创新创意类案例结合的设计和应用。

本书引用了丰富的实用案例和创新创意类案例，旨在帮助读者全面理解和应用数字化精密制造技术。实用案例覆盖了工艺准备、精密数控加工工艺设计、测量与补偿工艺设计等多个领域，通过系统化的教学，学生将学会零件图样分析、工艺分析、刀具方案设计、夹具方案设计、参数化编程及程序调试、上机加工验证等实用技能。创新创意类案例则通过引入创新元素和非传统的加工需求，激发学生的创新思维和创造力。例如，创意直尺和立体书签等案例将帮助学生挑战传统加工方法，思考创新的设计和制造方式。通过这些案例的学习，培养学生独立思考和解决问题的能力，为未来的工作和创新实践奠定坚实的基础。

本书由陕西工业职业技术学院和北京精雕科技集团有限公司联合编写。具体分工如下：赵明威和蔡锐龙负责总体结构和呈现形式设计；陕西工业职业技术学院赵明威编写模块2任务5、模块2任务7、模块3任务2，吴玉文编写模块1第1章、模块2任务3、模块2任务4，邬凯编写模块2任务2、模块2任务6，周新涛编写模块2任务1，王英编写模块1第2章；北京精雕科技集团有限公司王帅编写模块3任务4，赵恒编写模块3任务3.1~3.3，樊星编写模块3任务1，赵亮编写模块3任务3.4~3.6。

柴回归、王晶、谭曙光、刘海飞等北京精雕科技集团有限公司工程师为本书编写提供了必要的技术支持。此外，陕西工业职业技术学院苏宏志及北京精雕科技集团有限公司李渊志、崔亚超、李国锋等专家及工程师为本书的编写提供了众多宝贵意见。在此对他们的付出表示诚挚的感谢。

限于编者水平，书中疏漏和不足之处在所难免，恳请广大读者惠予斧正。

编　者

目 录

模块 3　实操加工篇

模块 1

基础知识篇

第1章

数字化精密制造技术概述

🔶 知识点介绍

通过本章的学习，了解制造业数字化转型的定义、机遇与挑战，理解工业软件领域是制造业数字化转型的主战场，并以"北京精雕数字化精密制造模式"为例，初步认识数字化制造的典型应用，从而对数字化精密制造技术的重要性建立认知。

🔶 能力目标要求

1) 学习数字化制造技术的定义，了解数字化制造的核心技术。
2) 理解制造业数字化转型的机遇和挑战。
3) 认识到工业软件是制造业数字化转型的重要抓手。
4) 能够初步分析我国工业软件的现状及发展前景。
5) 认识北京精雕 CAD/CAM 软件 SurfMill。
6) 学习并了解北京精雕数字化精密加工方案。
7) 了解"1+X"精密数控加工职业技能等级证书要求。
8) 了解《数字化精密制造技术》教材的架构和知识体系。

1.1 制造业的数字化转型

1.1.1 数字化制造技术的定义

随着《中国制造 2025》（国发〔2015〕28 号）的贯彻落实，我国装备制造产业的生产技术、生产过程以及组织性发生很大变化。装备制造产业链的发展可以具体归纳为纵向的延伸和横向的拓展，即纵向上，从设计、制造、维修和服务各环节相对独立实施到"设计-制造-维修-服务"的全生命周期统筹规划；横向上，正朝着"机械化-自动化-网络化-数字化-智能化"方向不断发展。其中，制造业的数字化转型尤为明显，数字化制造技术越发重要。

数字化制造技术的定义：在数字化技术和制造技术融合的背景下，在虚拟现实、计算机网络、快速原型、数据库和多媒体等支撑技术的支持下，根据用户的需求，迅速收集资源信息，对产品信息、工艺信息和资源信息进行分析、规划和重组，实现对产品设计和功能的仿真以及原型制造，进而快速生产出达到用户要求的产品的整个制造过程。通俗地说：数字化制造就是制造领域的数字化。它是制造技术、计算机技术、网络技术与管理科学的交叉、融和、发展与应用的结果，也是制造企业、制造系统与生产过程、生产系统不断实现数字化的必然趋势。数字化制造技术的内涵包括三个层面：以设计为中心的数字化制造技术、以控制为中心的数字化制造技术、以管理为中心的数字化制造技术。数字化制造的核心技术如图1-1-1所示。

数字化制造技术与产品的发展趋势如下：制造信息的数字化，将实现 CAD/CAPP/CAM/CAE 的一体化，使产品向无图纸制造方向发展，如产品 CAD 数据经过校核，直接传送给数控机床完成加工就是一例；通过局域网实现企业内部并行工程，通过 Internet 建立跨地区的虚拟企业，实现资源共享，优化配置，使制造业向互联网辅助制造方向发展；将数字化技术注入传统产品，开发新产品；与数字地球、数字流域、数字城市等数字技术相适应，大力发展和应用适合我国国情的数字制造技术和精密、重大数字装备；重视人才队伍建设，大力培养一批具有创新意识，思维活跃、立足国内的从事数字制造基础研究的高科技人才；积极开展数字制造的国际交流和合作，尽快提高我国数字制造的研究水平。

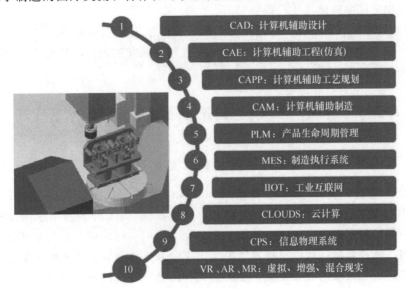

图 1-1-1　数字化制造的核心技术

1.1.2　制造业数字化转型的机遇和挑战

数字经济时代呼唤企业向智能化转型。未来几年，企业经营与发展将面临多重挑战，对企业的综合能力提出了新的要求。企业只有将自身业务与信息技术紧密融合，才能从容应对挑战、稳步实现其战略目标。数字经济时代已经悄悄来临，据有关统计，数字经济的规模已经超过 GDP 的 30%。从经济学角度来看，数字经济是指：人类通过大数据、数字化知识与信息的识别-选择-过滤-存储-使用，去引导资源的快速配置、优化和再生，从而实现经济高质量发展的经济形态。

企业数字化、智能化转型是通过将生产、管理、销售各环节与云计算、互联网、大数据相结合，促进企业研发设计、生产加工、经营管理、销售服务等业务进行转型。根据有关机构测算，数字化、智能化转型可使制造业企业成本降低 17.6%、营收增加 22.6%。工业经济向数字经济转型过渡具有如下特点：

1）对物理世界逐步从仿真向全镜像发展。

2）数据成为驱动经济社会发展的新要素、新引擎。

3）国内已经具备一定的制造业数字化基础。

4）国内具备推动智能制造发展的能力。

近年来，国家高度重视制造业的高质量发展，"互联网+制造业"等政策与指示对工业大数据的发展做出了明确的要求，全面指导国内工业大数据技术发展、产业应用及其标准化的进程。

制造业数字化转型的压力和挑战如下：

1）制造业正在并将长期处于数字化、智能化转型发展的历史阶段。制造业数字化、智能化转型亟需突破组织管理模式的战略转型；制造业数字化、智能化转型亟需突破全面物联的瓶颈；制造业数字化、智能化转型亟需工业软件的创新、研发、应用和普及。

2）我国企业数字化、智能化转型比例约为25%，远低于欧洲的46%和美国的54%，工业软件普及度和应用率整体占比较低。

3）制造业数字化、智能化转型处于起步阶段，面临很多急需解决的实际困难，急需加快制造业数字化、智能化转型，抢占信息时代先进制造业发展先机，推动中国制造加速步入高质量发展新时代。

1.2　工业软件领域是制造业数字化转型的主战场

1.2.1　工业软件是制造业数字化转型的重要抓手

企业研发、运营、管理在信息技术（Information Technology，IT）、数据技术（Data Technology，DT）的支撑下转型升级。运用大数据、物联网、CPS、数字孪生技术的工业软件与工业应用场景深度融合。在制造业数字化转型升级的关键时期，核心挑战是工业软件深入广泛的应用。软件是新一代信息技术的灵魂，工业软件作为软件产业的重要组成部分，是推动智能制造高质量发展的核心要素，是工业化和信息化融合的重要支撑，是推进我国工业化进程的重要手段。在全球工业进入新旧动能加速转换的关键阶段，工业软件已经渗透和广泛应用于几乎所有工业领域的核心环节，是现代产业体系之"魂"，是制造强国之重器。要大力推动工业软件为制造业全面赋能，形成引领转型发展的新模式。工业软件是工业产品价值提升的重要因素。随着信息技术的发展，软件与硬件加速融合，工业软件已成为工业产品的一部分，是内置于工业产品中的"软产品"。大型工业生产机器、汽车、船舶、飞机等工业产品中内置了大量的工业软件。

发展工业软件是推进企业转型的重要手段。工业软件具有鲜明的行业特色，广泛应用于制造业众多细分行业中，支撑着工业技术和硬件、软件、网络、计算等多种技术的融合，是加速两化融合、推进企业转型升级的手段。工业软件在制造资源数字化、制造系统平台化、制造应用智能化方面，正逐渐成为驱动制造业数字化转型主要力量，如图1-1-2所示。

1.2.2　我国工业软件的现状及发展前景分析

目前，我国工业体量位居世界第一位，并呈现逐年扩张之势。据相关数据显示，目前活

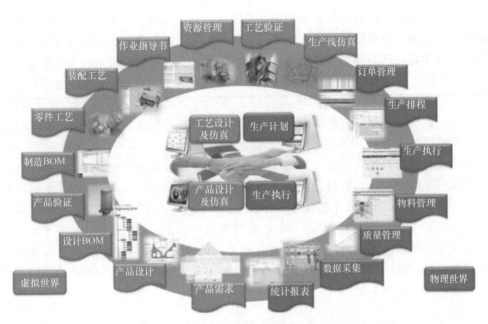

图 1-1-2　工业软件定义制造业数字化

跃在中国市场上的工业软件企业共计 841 家，其中国内厂商 709 家，国际厂商 132 家。一般来说，无论是持续增长的市场规模还是国内软件企业数量的崛起，一定程度上均会刺激国产工业软件市场的发展，为国产工业软件提供更多的发展机会和喘息空间。但是事实恰恰相反，人们常常用两个数据说明国内工业软件的发展情况——"90%：10%"，90%代表国外厂商占据国内工业软件 90% 以上的市场，10% 意味着中国本土企业的生存空间只有 10%，甚至更少。可以说，目前国外巨头占领了国内工业软件市场的半壁江山。工业软件作为中国与西方差距最大的一个行业，既是我国信息化建设的最大短板，也是中国由"制造大国"迈向"制造强国"的最大短板，呈现出"技不如人、受制于人"的特点。

国内工业软件发展大概分为三个阶段：第一个阶段是软件本身的发展阶段，在纯软件阶段，国外企业称霸市场；第二个阶段是软件的协同应用阶段，在这个阶段，业务流程进行串通和优化，国内厂商开始加快发展步伐，逐步追赶国外厂商；第三个阶段是"工业云"阶段，在这个阶段，软件不再是单一的软件，而是集成多种软件，并提供"软件+服务"的整体解决方案，在这个阶段，国内厂商基于中国工业发展实情，加快本土软件服务水平的提升，开始逐步超越国际厂商。但是目前我国正处在工业软件协同应用末期和"工业云"前期之间，国内厂商整体尚未能在技术与服务水平上超越国际巨头。目前我国工业软件行业仍处于管理软件强、工程软件弱，低端软件多、高端软件少的状况。

"两化融合"是中国工业软件发展的政策推动力量。党的十六大报告明确提出"走新型工业化道路""坚持以信息化带动工业化，以工业化促进信息化"。党的十七大报告和十八大报告继续完善了"发展现代产业体系，大力推进信息化与工业化融合"的科学发展理念。党的十九大报告对建设现代化经济体系做出了重要部署，提出建设"网络强国""数字中国""智慧社会""推动互联网、大数据、人工智能和实体经济深度融合"，以加强两化深度融合。在两化融合的变革中，工业软件将成为核心竞争力，同时在工业云快速兴起与发展的阶段，我国工业软件将在云平台、SaaS、系统集成和自主控制四个板块得到有效发展。

中国正在从制造大国转变为制造强国，在家电、电子装备、造船等工业领域正逐步出现世界级公司。工业企业在国际化的过程中，对于信息化的需求带动了工业软件的发展，而国产工业软件在本地化产品和服务方面有着独特的优势，更具有战略安全性。未来几年，随着《中国制造 2025》的逐步落实，中国现代工业化进程的加快，工业软件应用范围和深度的扩大，行业仍将保持稳定的增长。2018 年我国工业软件产品收入增速为 14.2%，前瞻预测，未来几年内，我国工业软件企业将逐步壮大，工业软件产品收入将保持 10%～15% 的增长速度，及至 2024 年，中国工业软件产品收入将达到 2950 亿元。

在数字化精密制造技术领域，北京精雕科技集团有限公司的应用模式"CAM 软件规划+数控机床执行"独具特色。该模式将加工经验数字化，然后将数字化的经验变成软件的功能，用自主研发的 SurfMill 软件规划完整的数控加工程序，规划刀具切削、在机测量、过程管控等作业的顺序。数控机床准确执行数控程序规划的工作动作和流程，使整个加工过程摆脱对人工操作的依赖。北京精雕科技集团有限公司的人机协同模式，消除了各种不确定因素，对编程人员和操作人员的协同内容进行了重新定义，对操作人员和机床的协同工作内容进行了重新定义，如图 1-1-3 所示。

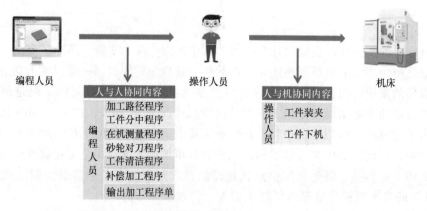

图 1-1-3   北京精雕科技集团有限公司的人机协同模式

1.3   北京精雕科技集团有限公司的数字化精密制造模式

人机协同模式

1.3.1   SurfMill 简述

SurfMill 是北京精雕科技集团有限公司自主研发的核心软件产品（图 1-1-4）。作为一款专用于 5 轴精密加工的 CAM 软件，它具有完善的曲面设计功能，丰富的平面加工和曲面加工策略，提供智能的在机测量和虚拟制造，为用户提供可靠的加工策略和解决方案。SurfMill 9.5 集成 DT 编程技术，通过在软件中映射实际生产物料、工艺参数等信息，完成与实际生产高度一致的虚拟制造平台的搭建，确保生产各环节人员均能够及时获取准确一致的加工信息。基于此平台可进行 5 轴工艺分析和优化，将 5 轴加工风险消除在软件端，助力安全、顺畅的 5 轴加工。

构建数字化场景，实现平台化管理。SurfMill 的机床库映射的是生产现场的机床设备，

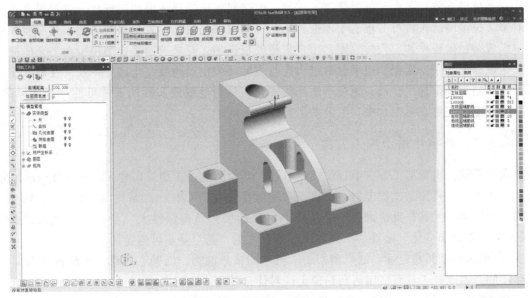

图 1-1-4 SurfMill 软件

包含了机床模型、数控系统及功能部件的信息。SurfMill 软件支持各种类型机床模型的导入，确保与实际设备一致。通过映射生产过程中涉及的相关物料，在 SurfMill 软件中创建与实际相同的刀具、刀柄、夹具、毛坯等虚拟物料库（图 1-1-5），可提高资源配置准确性。Surf-Mill 的工艺库提供多种方式将成熟的工艺经验以数字化形式保存，支持用户将实践中积累的成熟工艺经验导入软件中形成模板和工艺库，实现一次导入重复使用。

图 1-1-5 SurfMill 的机床库、物料库

SurfMill 的生产物料数字化管理，可解决物料选用与实际脱节的问题。虚拟制造平台将物料信息进行数字化管理，实际加工前只需根据工艺单选取相应的物料，避免了由于物料不

存在或不准确导致加工程序频繁修改，或加工时物料使用错误造成加工事故，有效提升了生产效率。虚拟制造平台可实现基于模板和工艺库的自动化编程，将积累的成熟工艺经验在软件中形成路径模板库和工艺参数库，用户只需要根据加工要求选择适合的模板和工艺库便可轻松生成加工程序。虚拟制造平台通过构建与实际环境相同的数字化加工场景，在软件端进行工艺规划和模拟加工验证，经过不断迭代优化，尽可能规避实际加工中可能存在的风险，使 5 轴加工过程可观可控，提升了设备运行效率。

1.3.2 数字化精密加工方案

众所周知，精密加工是一个行业性的难题，其原因为：在加工尺寸误差小于 $15\mu m$ 的精密加工要求下，其加工过程中的"关键要素的微小变化"（小于 $2\mu m$），对加工结果都会造成明显的影响，尤其在批量加工中会出现不可控的尺寸"离散性大"的问题。然而，这些"关键要素的微小变化"是在加工过程中客观存在的，甚至是不可避免的。

1）机床运动热稳定性。这是精密加工机床的核心能力，而轴心漂移、主轴热伸长是客观存在的，因此是否具有机床运动热稳定性对加工精度影响极大。

2）刀具尺寸误差。切削工具的尺寸是有差异的，测量不准或无法判断，会直接造成欠切或过切的问题，导致残料余量不准或成品尺寸离散。

3）刀具磨损。这是不可避免的影响，磨损量直接影响加工结果，刀具磨损不均匀，会直接导致残料余量离散或成品尺寸离散。

4）刀具更换误差。这会造成刀具长度和刀具跳动的变化，也导致刀具切削量的变化和离散。

5）硬料切削让刀。刀具切不动材料，会导致刀具磨损量离散，造成切削形成的残料不准或成品尺寸离散。

6）材料切削变形。如果工艺方法规划不细，会造成刀具切削量的离散性变化，同样也会出现切削形成的残料余量不准或成品尺寸离散的问题。

7）切削液温度变化。这会影响毛坯残料形态和机床结构的变化，尤其 5 轴机床更为敏感。

8）环境温度变化。尤其环境温度变化不均匀，会造成机床结构的不均匀变化，影响机床最基本的精度体系。

9）复杂工序衔接偏差。多种刀具、多把刀具加工过程中的衔接会产生切削残料偏差，这会加大精加工刀具的磨损，造成切削形成的残料余量不准或成品尺寸离散。

10）人工干预误差。打表、装刀、装工件、执行流程时序、问题判断准确度等人工操作的离散性，会直接导致加工成品精度的离散性。

11）测量误差。尤其不同体系不同基准的测量，会出现不同的结果，从而误导操作者，形成误判。

12）加工模型与毛坯间的偏差。这是不可避免的，切削过程中实际形成的残料与计算模型残料的偏差会加速刀具磨损，造成切削形成的残料余量不准或成品尺寸离散。

上述所列的内容，并不是全部的"关键要素的微小变化"，却是对加工结果影响十分明显的关键要素。事实证明：这些"关键要素的微小变化"，会直接映射到被加工的零件形态上（这是金属切削加工的基本特点，即最终形成成品轮廓和形态），从而导致加工出的成品尺寸误差离散性大，成品率不高。因此，机加工行业将精密加工定义为业内难题。

面对精密加工中"关键要素的微小变化"问题，多年来，机加工业内解决问题的一般方法是：第一，使用高端机床，解决机床运动热稳定性的问题（这是必须的）；第二，必须要找一个有经验、有责任心、有技术的师傅，通过师傅高水平的工作，来管控上述"关键要素的微小变化"，以此来保证高端设备能进行精密加工。而管控上述"关键要素的微小变化"对人的经验依赖性太高，这就让精密加工成为了业内技术难度最大的难题。

可以这样讲，上述方法对推动精密加工技术应用起到了一定的积极作用，然而，事实上，面对上述"变化的关键要素"，操作人员是无法准确发现和判断"微小变化量"的，因此，这些"关键要素的微小变化"是很难管控到位的。从实际应用效果来看，业内使用这一方法的企业，在进行精密加工时出现的问题是："能干，但干得很累"，成本也很高，批量加工尺寸离散性大，一次性完成率低。这就导致业内有这样一个说法："精密模具是反复修出来的"。

为了解决上述问题，北京精雕科技集团有限公司提出数字化精密加工方案，能稳定地实现精度要求 $2\sim15\mu m$ 精密零件的加工。其核心方法是：第一，要使用基本精度标准高、运动热稳定性好的精雕高速机（包含3轴和5轴）；第二，要建立一套能判断、管控和修正"关键要素的微小变化"的数字化的精密加工应用体系，以此来推动精雕高速机、精雕数控系统、精雕 SurfMill 软件、测头、激光对刀仪、标定标准件、关键功能附件、在机测量、机床热稳定管理、刀具补偿、工件补偿、用刀标准化、编程标准化、DT 编程、工步管理、"一键"启动、刀具磨损监控和操作流程防呆等功能要素和关键技术在判断、管控和修正"关键要素的微小变化"方面的有效应用，从而控制或降低"关键要素的微小变化"对被加工零件形态的影响，确保加工出的成品精度收敛性好（如，精雕配合测试件的配合误差小于 $5\mu m$，这样才能保证模具装配只装不修），保障精雕高速机在进行精密加工过程中实现"不生产不合格品"的效果。

在解决精密加工的业内难题方面，精雕高速机及其配套的"精雕精密数字化加工方案"已形成突破性进展，这也是精雕高速机的精密加工应用能力处于业内领先水平的基本原因，也是保证精雕客户使用精雕高速机可以稳定地进行精密加工的技术基础。

1.4 "数字化精密制造技术"课程简介

"数字化精密制造技术"课程紧密对接"1+X"精密数控加工职业技能等级证书，书证融通。课程内容设置上，与证书面向职业岗位相适应，匹配了证书职业技能等级。

1.4.1 精密数控加工职业技能等级证书简述

证书（以精密数控加工（中级）为例）面向的职业岗位（群）：主要面向高端装备制造、机械零部件制造、模具制造、汽车零部件制造、计算机和通信及其他电子设备制造、仪器仪表制造、医疗仪器设备及器械制造等产业的工艺及数控编程人员。3轴与多轴精密加工机床的操作、常规精密零件的工艺方案制定与实施、精密加工管控方案设计与实施、设备精度管控、设备的维护保养与故障处理等相关职业岗位。

精密制造行业技术及岗位能力要求

职业技能等级划分（以精密数控加工（中级）为例）：能够运用虚拟制造技术、复合切削技术、在机测量与补偿加工技术；能够设计精密零件的加工管控方案并实施；能够通过 3 轴联动、多轴定位的加工方法进行工艺规划与编程，完成尺寸公差 IT5、几何公差 5 级、表面粗糙度 $Ra0.4\mu m$ 的精密零件加工；能够对设备进行精度管控、简单故障诊断与处理。

精密数控加工职业技能等级（以中级为例）要求见表 1-1-1。

表 1-1-1　精密数控加工职业技能等级（以中级为例）要求

工作领域	工作任务	职业技能要求
1. 精密加工工艺方案设计	1.1　工艺准备	1.1.1　能够根据机械制图相关国家标准读懂、绘制零件图并提取零件的加工要求
		1.1.2　能够根据零件的加工要求，使用 CAD/CAM 软件生成和提取三维曲线和编程辅助曲面
		1.1.3　能够使用 CAD/CAM 软件提取零件模型并建立毛坯
	1.2　精密数控加工工艺设计	1.2.1　能够读懂 3 轴、多轴数控加工的工艺规程，同时会设计零件的 3 轴联动加工和多轴定位工艺路线，并编写工艺文件
		1.2.2　能够合理确定设备和工艺参数，实现工件的复合切削（铣削、磨削、钻削、铰削、攻螺纹、镗削）
		1.2.3　能够定性分析环境变化、装夹精度、刀具参数对加工精度的影响
		1.2.4　能够按照工艺规程的要求，选用通用夹具、组合夹具、零点定位系统等装夹方案和设计简单的夹具，并将夹具模型调入软件夹具库
		1.2.5　能够根据零件结构特点设计简单的专用加工刀具
	1.3　测量与补偿加工工艺设计	1.3.1　能够根据产品结构和装夹特点制定 3 轴与多轴加工过程的工件找正方案
		1.3.2　能够根据工艺要求，制定刀具尺寸检测和刀尖 Z 向位置检测的方案
		1.3.3　能够根据产品几何技术规范和零件图样要求制定零件的检测标准和检测方案
		1.3.4　能够制定在机测量系统的尺寸偏差、几何误差检测方案，并制定检测报告模板
		1.3.5　能够根据在机测量检测结果，制定工件补偿加工方案
2. 精密加工系统准备	2.1　虚拟制造物理环境搭建	2.1.1　能够使用千分表检测刀具、刀柄安装状态，控制刀具径向跳动量在 0.005mm 以内，并根据工艺文件，使用百分表件调平、找正
		2.1.2　能够检查并判断 3 轴、多轴数控机床及其附件状态是否正常
		2.1.3　能够根据工艺文件对夹具进行调整并在机床上合理安装
		2.1.4　能够根据工艺文件对刀具进行避空处理
		2.1.5　能够使用热缩刀柄安装刀具

（续）

工作领域	工作任务	职业技能要求
2. 精密加工系统准备	2.2　在机测量系统准备	2.2.1　能够对在机测量系统、激光对刀仪进行参数设置及行程防呆设置
		2.2.2　能够使用标准球对在机测量系统进行标定
		2.2.3　能够对激光对刀仪进行调整和标定
		2.2.4　能够进行测针的调整、校正和安装精度的检测
	2.3　设备运行准备	2.3.1　能够根据3轴、多轴数控机床的结构特点和加工要求,对机床进行暖机、预热和全行程润滑
		2.3.2　能够根据零件加工要求,合理配置3轴、多轴数控系统参数,并掌握数控系统操作按键功能,熟练操作3轴、多轴数控机床
		2.3.3　能够在3轴、多轴机床上使用刀库管理功能,完成刀具及常见刀库参数设置,实现自动换刀
		2.3.4　能够通过手动方式、接触式对刀仪、激光对刀仪、在机测量系统完成工件坐标系和刀具长度补偿参数的设定
		2.3.5　能够使用激光对刀仪完成刀具直径、轮廓的补偿参数设置
3. 精密加工数控编程	3.1　程序调试技术准备	3.1.1　能够手动编写直线、圆弧以及圆孔、槽、凸台和螺纹孔类加工主程序
		3.1.2　能够编写和插入宏程序实现行程管理、误操作防呆功能
		3.1.3　能够添加和编辑自动对刀、暖机等辅助程序
	3.2　精密加工过程编程	3.2.1　能够为软件夹具库新建夹具,根据工艺文件从软件夹具库中调用夹具并完成安装
		3.2.2　能够根据工艺文件,在软件中建立加工用刀具库和为刀具库新建刀具
		3.2.3　能够建立标准视图和不同加工视角的工件坐标系,并在多坐标系下进行编程,能够根据在机测量的结果进行编程参数调整
		3.2.4　能够应用CAM软件内3轴联动、多轴定位的加工方法进行精密加工编程,并利用虚拟制造仿真技术精确计算装刀长度,进行干涉和碰撞检查
		3.2.5　能够根据工艺文件,使用不同的路径模板,集中生成加工程序,并根据合理定制的工艺单模板输出工艺单
		3.2.6　能够根据设备结构特点和数控系统正确选择后处理配置文件并进行刀具路径的后处理
	3.3　在机测量编程	3.3.1　能够利用在机测量系统生成自动工件找正程序,并在自动编程中加入找正补偿参数
		3.3.2　能够合理应用软件布置测量点(直线、平面、圆、圆柱等元素)
		3.3.3　能够编写在机测量程序,进行尺寸偏差测量、几何误差测量等,并输出检测报告

（续）

工作领域	工作任务	职业技能要求
4. 精密加工管控方案实施	4.1 精密数控加工与安全生产	4.1.1 能够根据零件加工要求,使用多轴数控机床完成特征加工,并稳定达到如下要求 1）尺寸公差等级：IT5 2）几何公差等级：5 3）表面粗糙度：$Ra0.4\mu m$
		4.1.2 能够对加工过程数据进行分析并调整工艺方案
		4.1.3 能够按照工艺文件要求,完成精密加工管控
		4.1.4 能够根据企业相关质量管理制度,宣传贯彻安全文明生产要求,提高工作质量
	4.2 手工检测	4.2.1 能够准确掌握尺寸公差和几何公差的概念及测量方法
		4.2.2 能够根据零件的精度要求和量具的测量规范知识,选择合适量具
		4.2.3 能够根据零件加工精度的要求,制定手工检测方案,并会运用测量工具和测量方法,检验零件加工精度
	4.3 在机检测	4.3.1 能够利用激光对刀仪进行刀具检测
		4.3.2 能够利用在机测量系统进行尺寸偏差和几何误差检测
		4.3.3 能够根据零件加工精度的要求,运用在机测量系统分析零件加工精度,实现补偿加工
5. 数控机床维护与保养	5.1 数控机床精度管控	5.1.1 能够对多轴数控机床的水平进行调整
		5.1.2 能够通过检测工具对多轴数控机床进行几何精度检测
		5.1.3 能够利用在机测量系统进行多轴数控机床转台轴心参数标定及校验
		5.1.4 能够利用在机测量系统检查机床的定位精度
	5.2 数控机床维护保养	5.2.1 能够根据机床操作说明书进行数控系统版本更新操作
		5.2.2 能够按照机床操作说明书对多轴数控机床进行日常维护保养
		5.2.3 能够根据多轴数控机床的保养规范对机床机械、电、气、液压、冷却系统进行定期维护保养
	5.3 简单故障处理	5.3.1 能够处理机床操作、加工过程中出现的简单故障
		5.3.2 能够处理在机测量系统的通信故障
		5.3.3 能够处理在机测量系统运行过程中的中断报警

1.4.2 教材说明

近年来,全世界呈现"产业升级快、技术迭代周期短"的社会特征,特别在装备制造行业,新技术、新产品层出不穷。企业对掌握精密制造设备和数字化精密制造技术的复合型技术技能人才需求迫切。基于上述需求,充分借助企业力量,引入企业资源,提升教师对新技术、新设备的应用能力,校企协同育人,都尤为重要。基于上述原因,机械制造及自动化专业群与精密制造行业知名企业——北京精雕

片花

科技集团有限公司开展合作，建设协同育人平台。校企双团队通过引入企业真实任务，共同建设"数字化精密制造技术"课程和教材。

通过课程和配套教材的学习，使学生能够初步运用虚拟制造仿真技术、在机测量技术，能够完成精密加工管控方案的实施，能够进行平面、轮廓类零件的精密加工工艺规划与编程等，从而具备数控程序编制与工艺实施，适应产业数字化发展需求的基本信息加工、数字应用等专业能力。通过不断探索和教学创新将创新设计思维融入课程教学中，以培养学生探索未知、追求真理、勇攀科学高峰的责任感和使命感，激发学生科技报国的家国情怀和使命担当，培养学生的工匠精神。

教材聚焦数字化精密制造技术，与"1+X"精密数控加工职业技能等级证书配套，由基础知识篇、仿真加工篇、实操加工篇三个模块组成，虚实结合，既注重CAM和虚拟仿真等数字化手段的应用，又重视机床实操与验证，符合技术技能人才的成长规律。本书配套有在线课程，包含微课、动画等资源。各个任务的知识点、考核点为递进关系，对应了"1+X"职业技能等级证书中不同证书等级对应的职业技能等级。书中大部分任务来源于精密加工真实任务，还有创意直尺和立体书签这种创新创意类任务，以激发学生兴趣和创新意识。教材内容规划见表1-1-2。

表 1-1-2　教材内容规划

模块	章节	图片	知识点
模块1 基础知识篇	第1章 数字化精密制造技术概述		通过本章的学习，了解制造业数字化转型的定义、机遇与挑战，理解工业软件领域是制造业数字化转型的主战场，并以"北京精雕数字化精密制造模式"为例初步认识数字化制造的典型应用
	第2章 精密加工基础知识	牛鼻刀　平底刀　球头刀	通过本章的学习，掌握正确使用和鉴别刀具、常用工装夹具的方法，常用G代码编程的方法，了解常见刀库的使用注意事项、精密加工注意事项
模块2 仿真加工篇	任务1 槽轮仿真加工		通过典型凸台类零件槽轮的建模与编程，完成从零件设计到加工的整个流程。通过本任务，掌握三维建模、编程加工、仿真验证的整个技术环节

（续）

模块	章节	图片	知识点
模块 2 仿真加工篇	任务 2　创意直尺仿真加工		通过本任务，掌握加工余量较小的薄壁零件的工艺方案规划和加工方法，并能够熟练使用区域加工、轮廓切割等编程方法
	任务 3　刀爪卡钳座仿真加工		通过本任务，理解工件坐标系转换的意义，了解非通用夹具的选用和设计方法，并能够熟练使用单线切割、钻孔、铣螺纹等编程方法
	任务 4　支撑座仿真加工		通过本任务，学习在机测量，建立工件位置补偿的方法，并能够熟练地建立在机测量点，使用曲线测量建立中心角度补偿
	任务 5　立体书签仿真加工		通过本任务，掌握带曲面零件的工艺方案规划和加工方法，制定合理的工艺路线，并能够熟练使用单线切割、分层区域粗加工、曲面精加工等 3 轴加工方法
	任务 6　起落架支架仿真加工		通过本任务，学习 5 轴机床定向编程的基本方法，学会建立定向参考坐标系，能够规划零件 5 轴加工流程

（续）

模块	章节	图片	知识点
模块2 仿真加工篇	任务7　侧铣小叶轮仿真加工	 流道面 叶片曲面 倒角面　分流叶片	通过本任务,了解叶轮的应用背景和加工设备选型,学习曲面零件的工艺规划,能够完成复杂辅助线的建立,并使用5轴机床完成叶轮的编程加工
模块3 实操加工篇	任务1　机床操作基础		通过本任务,学习机床的使用规范,掌握刀具安装、夹具和测头的安装校正方法,了解常见问题处理方法
	任务2　常用参数化编程		通过本任务,学习一些简单的参数编程方法,包括使用刀具加工平面、外圆、内孔、带圆角矩形,使用测头进行分中和单点触碰操作,以及主轴预热和暖机操作
	任务3　支撑座数控加工		通过本任务,了解3轴加工的基本流程,掌握支撑座机床端加工事项,并能够熟练掌握建立工件坐标系,建立工件H补偿,试切自动加工等方法
	任务4　起落架支架数控加工		通过本任务,掌握5轴机床加工准备、分中、对刀、程序调用等方法,实现零件的5轴数控加工

1.4.3 术语与定义

国家标准和行业标准中有关于机械制造工艺、数控加工的概念及术语适用于本课程。

1）在机测量（On-machine Measurement），将机床硬件作为载体，再通过机床测头、3D测量软件等相应的软硬件测量工具，在机床上对零件进行形状特征测量的一种方式。

2）虚拟制造（Virtual Manufacturing），一种新的制造技术，以信息技术、仿真技术、虚拟现实技术为支持，在产品设计或制造系统的物理实现之前，就能使人体会或感受到未来产品的性能或者制造系统的状态，从而可以做出前瞻性的决策或实施方案。

3）精密加工（Precision Machining），指尺寸精度和表面粗糙度可达微米级、亚微米级、分子级、纳米级或更高精度的切削加工方法。

4）复合切削（Combined Machining），将两种或两种以上的刀具组合起来依次对工件进行切削的方法。

5）补偿（Compensating），在加工过程中，为校正加工工具与工件相对的正确位置而引入的微量位移。

6）找正（Aligning；to center align），用工具（或仪表）根据工件上有关基准，找出工件在划线、加工或装配时的正确位置的过程。

本 章 小 结

1）本章介绍了数字化制造技术的定义、数字化制造的核心技术和制造业数字化转型的机遇和挑战。

2）学习了工业软件是制造业数字化转型的重要抓手，并分析了我国工业软件的现状及发展前景。

3）学习并了解了精雕 CAD/CAM 软件 SurfMill 和精雕数字化精密加工方案。

4）了解了"1+X"精密数控加工职业技能等级证书要求，并学习了"数字化精密制造技术"课程简介和教材的架构与知识体系。

思 考 题

1）数字化制造技术的内涵包括哪些层面？

2）请简要列举数字化制造的核心技术。

3）制造业数字化转型有哪些机遇和挑战？

4）为什么说工业软件是制造业数字化转型的重要抓手？

5）请简要分析我国工业软件的现状。

6）请简要分析我国工业软件的发展前景。

7）你认为精雕 SurfMill 软件具备哪些功能？

8）你认为精密加工过程中应考虑哪些关键要素？

9）你认为要取得精密数控加工职业技能等级证书（中级），需要具备哪些能力？

10）你认为学习"数字化精密制造技术"课程的重要性在哪里？如何学习？

第2章

精密加工基础知识

通过本章了解并学习刀具的分类及选用、精密加工工装夹具的类型及选用准则、G 代码的使用方式、刀库的类型及注意事项、精密加工的注意事项等知识。

1）学习刀具的类型及选用准则。

2）掌握刀具的安装方法和流程，适应工件的加工要求。

3）熟练掌握刀具的操作方法。

4）熟练完成夹具的选用、安装及校正。

5）了解常见刀库，掌握处理方法。

6）能够识别简单程序，配合程序完成工件的加工。

2.1　正确使用和鉴别刀具

精密加工常用刀具主要为立铣刀。精密加工中立铣刀的特点是相对直径较小，一般只有 ϕ10mm 以下；使用转速较高，一般为 8000～24000r/min。正确使用和鉴别刀具主要从刀具的材料、刀具的几何参数、刀具的加工方式、精密加工对刀具的特殊要求等方面进行考虑。

2.1.1　刀具的基本知识

刀具基础知识

（1）刀具材料　刀具材料是生产和使用刀具至关重要的一环。一般刀具材料应具备高的硬度和耐磨性、足够的强度和冲击韧性、高耐热性、良好的工艺性能、经济性和切削性能的可预测性。生产中所用的刀具材料以高速工具钢（如 W18Cr4V）和硬质合金（如 YG6X）居多。碳素工具钢（如 T10A、T12A），工具钢（如 9SiCr、CrWMn）因其耐热性差，仅用于手工刀具。硬质合金涂层、陶瓷、金刚石、立方氮化硼材料以其优异的性能已在刀具领域开始得到应用。

1）硬质合金。硬质合金切削性能优良，目前精密加工中立铣刀选用的硬质合金材料主要成分为 6% 的 Co 和 94% 的 WC 磨制而成。这种材料的特点是硬度高、抗弯强度高。在加工钢材、有色金属材料时，因其脆性大，使用时要先以低于正常走刀速度磨合约 5min 后，再进入正常速度，以利于刀具的稳定性，从而延长刀具寿命。

2）金刚石。金刚石具有极高的硬度和耐磨性，有资料显示金刚石刀具的寿命比硬质合金刀具可提高几倍到几百倍。金刚石刀具不适合加工黑色金属，一般在有机材料切割和高光型面板加工中使用。

（2）刀具的种类 目前精密加工常用刀具主要有单刃螺纹刀具、双刃螺纹刀具、双刃螺纹球头刀具、双刃直槽（平底、锥度）刀具、双刃直槽组合刀具、双刃直槽锥度球头刀具、棱形刀具和开半刀具八大系列、几百种规格，便于精密加工中选用，如图 1-2-1 所示。

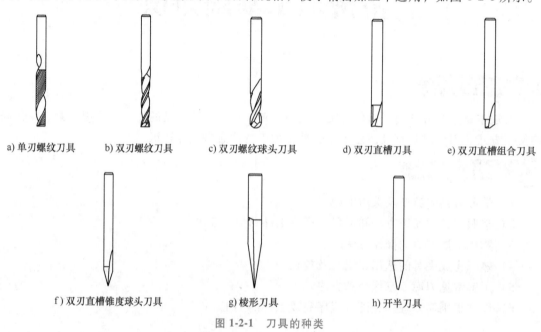

a) 单刃螺纹刀具　　b) 双刃螺纹刀具　　c) 双刃螺纹球头刀具　　d) 双刃直槽刀具　　e) 双刃直槽组合刀具

f) 双刃直槽锥度球头刀具　　　　g) 棱形刀具　　　　h) 开半刀具

图 1-2-1　刀具的种类

2.1.2　刀具的加工方式

加工方式因刀具旋转切入工件的方向与刀具进给方向的不同而分为顺铣和逆铣，如图 1-2-2 所示。

逆铣加工时，刀齿的切削厚度从 0 到最大，刀齿在工件表面上挤压和摩擦，刀齿较易磨损；顺铣则正好相反，刀齿的切削厚度从最大到 0，容易切下切削层，刀齿磨损较少。资料表明，顺铣可延长刀具寿命 2~3 倍，建议去大料时使用顺铣方式。顺铣加工时，要求工件侧边没有硬皮（一般锻造、磨削加工后的钢件表面会产生加工硬化），否则刀具很易磨损。

2.1.3　刀具的切削形式

刀具的切削形式有切割、开槽和单边切削三种，如图 1-2-3 所示。切割为一刀切透、双边切削，主要用于非金属材料切割；开槽形式为双边切削，切削深度较浅，主要用于金属、非金属材料的粗加工，刀具强度相对较弱的情

图 1-2-2　顺铣、逆铣示意图

（图中标注：逆铣　刀具切削运动　刀具进给方向　顺铣）

况；单边切削有两种情况，切削深度较浅则切削宽度较大，切削深度较深则切削宽度较小，单边切削主要用于金属、非金属材料的粗加工，刀具强度相对较弱的情况。

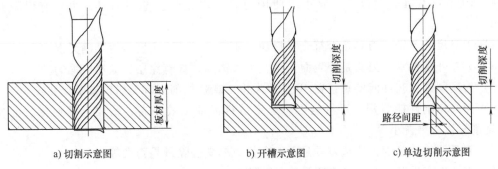

a) 切割示意图　　　　b) 开槽示意图　　　　c) 单边切削示意图

图 1-2-3　刀具的切削形式示意图

2.1.4　刀具的装夹

刀具安装的长短直接影响工件的加工质量。建议刀具的伸出长度尽可能短。研究表明，刀具悬伸长度的三次方与刀具的变形量成正比，刀具悬伸长度越长，变形量越大；刀具直径的四次方与刀具的变形量成反比，刀具直径越小，变形量越大。

在刀具的装夹中，如果设备采用的是弹簧卡头，则由于弹簧卡头的槽内很容易积攒碎屑，加工有机材料时，应定期用有机溶剂（如氯仿）浸泡，加工金属时则用毛刷刷净。刀具装夹不正会使刀具磨损不均匀，刀具易折断。

2.1.5　切削要素与切削层数

（1）切削速度 v　刀具旋转时的线速度为切削速度：

$$v = \pi Dn/1000$$

式中　D——刀具直径（mm）；

　　　n——刀具转速（r/min）。

不同工件材料的切削速度推荐值见表 1-2-1。

表 1-2-1　不同工件材料的切削速度推荐值　　　　　　（单位：m/min）

工件材料	碳素钢	合金工具钢 Cr12	调质钢 45	铝	铜
切削速度	60~100	50~70	35~60	150~300	120~200

（2）进给速度 v_f

进给速度 v_f：单位时间内刀具的相对位移（mm/min）；

单刃吃刀量 f_a：刀具每转过 1 切削刃与工件的相对位移（mm/z）：

$$f_a = v_f/(nZ)$$

式中　Z——刀具刃数。

（3）切削深度　切削深度（吃刀深度）a_p：刀具轴线方向的切削层尺寸。

（4）切削宽度　切削宽度（路径间距）a_w：刀具径向方向的切削层尺寸。

常用刀具结构、切削原理及刀具选择

2.1.6　刀具的鉴别

任何刀具都有其适用范围，要正确使用刀具，首先要会鉴别刀具，主要有以下几个方面。

1）刀具尺寸鉴别：刀具是否符合材料加工要求，尺寸、角度是否准确无误。

2）刀具外观鉴别：刀具是否表面光亮，刃口锋利，如有涂层，涂层应均匀。

3）刀具制造工艺性能鉴别：在40倍放大镜下观察切削刃有无崩口或微观裂纹。

4）刀具切削性能鉴别：刀具是否对选定材料粗加工效率高、精加工已加工表面质量高，切削轻快、声音小等。

5）刀具性价比鉴别：所选刀具是否寿命长，单支去除量是否大等。

6）刀具稳定性鉴别：刀具之间是否一致性好。

2.2　常用工装夹具的选用

常用工装夹
具基本知识
夹持原理

精密加工的工件装夹一般以平面工作台为安装基础来定位夹具，并通过夹具最终定位、夹紧工件，使工件在整个加工过程中始终与工作台保持正确的相对位置。

2.2.1　工件装夹的基本要求

为适应工件铣、钻、镗等加工工艺的特点，精密加工对夹具和工件装夹通常有如下的基本要求。

1. 夹具应有足够的夹紧力、刚度和强度

为了承受较大的铣削力和断续切削所产生的振动，数控铣床、加工中心的夹具要有足够的夹紧力、刚度和强度。夹具的夹紧装置尽可能采用扩力机构，夹紧装置的自锁性要好并尽量用夹具的固定支承承受铣削力，工件的加工表面尽量不超出工作台，尽量降低夹具高度。

常用工装
夹具选用

2. 尽量减小夹紧变形

加工中心有工序集中加工的特点，一般是一次装夹完成粗、精加工。在工件粗加工时，切削力大，需要的夹紧力也大。但夹紧力又不能过大，否则松开夹具后工件会发生变形。因此，必须慎重选择夹具的支承点、定位点和夹紧点。如果采用了相应措施仍不能控制工件变形，只能将粗、精加工分开，或者粗、精加工使用不同的夹紧力。

3. 夹具在机床工作台上的定位连接

数控机床加工中机床、刀具、夹具和工件之间应有严格的相对坐标位置。数控铣床、加工中心的工作台是夹具和工件定位与安装的基础，应便于夹具与机床工作台的定位连接。加工中心工作台上设有基准槽、中央T形槽，可把标准定位块插入工作台上的基准槽、中央T形槽，使安装的工件或夹具紧靠标准块，达到定位的目的。数控机床还常在工作台上装固定基础板，方便工件、夹具在工作台上定位。基础板已预先调整好相对数控机床的坐标位置，板上有已加工出准确位置的一组定位孔和一组紧固螺纹孔，方便夹具安装，如图1-2-4所示。夹具在机床工作台上定位连接时，夹紧机构或其他元件不得影响进给，并且应装卸方便，辅助时间尽量短。

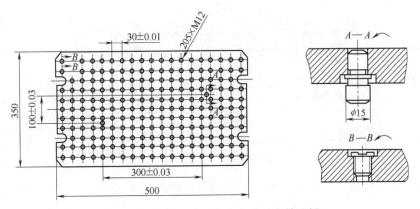

图 1-2-4 数控机床工作台上装固定基础板

2.2.2 常用通用夹具

1. 机用平口钳装夹工件

机用平口钳（又称机用虎钳）是数控铣床常用夹具。装夹时先把机用平口钳固定在工作台上，找正钳口，再把工件装夹在机用平口钳上。这种方式装夹方便，应用广泛，适于装夹形状规则的小型工件。在机床上用机用平口钳装夹工件如图 1-2-5 所示。

工件在机用平口钳上装夹时，应注意下列事项。

1）装夹工件时，必须将工件的基准面紧贴固定钳口或导轨面；在钳口平行于刀杆的情况下，承受铣削力的钳口必须是固定钳口。

2）工件的铣削加工余量层必须高出钳口，以免铣刀触及钳口，铣坏钳口和损坏铣刀。如果工件低于钳口平面

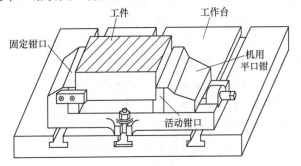

图 1-2-5 用机用平口钳装夹工件

时，可以在工件下面垫放适当厚度的平行垫铁，垫铁应具有合适的尺寸和较小的表面粗糙度值。

3）工件在机用平口钳上装夹的位置应适当，应使工件装夹后稳固可靠，不致在铣削力的作用下产生移动。

2. 压板装夹工件

对中型、大型和形状比较复杂的工件，一般采用压板将工件紧固在数控铣床工作台台面上。用压板装夹工件时所用夹具比较简单，主要有压板、垫铁、T形槽螺栓（或T形槽螺母和螺栓）及螺母。但为满足不同形状工件的装夹需要，压板的形状种类也较多。例如：箱体工件在工作台上安装，通常用三面安装法，或采用一个平面和两个销孔安装定位，而后用压板压紧固定，如图 1-2-6 所示。

压板和螺栓的设置过程是：①将定位销固定到机床的 T 形槽中，并将垫铁放到工作台

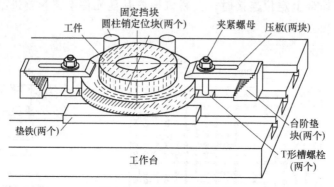

图 1-2-6　用压板夹紧工件

上；②选择合适的压板、台阶垫块和 T 形槽螺栓，并将它们安放到对应的位置；③将工件夹紧。

　　使用压板装夹工件时，应注意下列事项：将工件的铣削部位让出来，切忌被压板压住，以免妨碍铣削加工的正常进行；台阶垫块的高度要适当，防止压板和工件接触不良；装夹薄壁工件时，夹紧力的大小要适当；螺栓要尽量靠近工件，以增大夹紧力；在工件的光洁表面与压板之间，必须放置铜垫片，以免损伤工件表面；工件受压处不能悬空，如有悬空处应垫实；在铣床工作台台面上直接装夹毛坯时，应在工件和工作台台面之间加垫纸片或铜片，这样不但可以保护铣床工作台台面，而且还可以增加工作台面和工件之间的摩擦力，使工件夹紧牢固可靠。

　　3. 铣床上自定心卡盘的应用

　　在需要夹紧圆柱表面时，使用安装在机床工作台上的自定心卡盘可能最为适合，如图 1-2-7 所示。如果已经完成圆柱表面的加工，应在自定心卡盘上安装一套软卡爪，并使用面铣刀加工卡爪，直至达到希望夹紧的表面的准确直径。应记住在加工卡爪时，必须夹紧卡盘，最好使用一块棒料或六角螺母，保证卡爪紧固，并给刀具留有空间，以便切削至所需深度。

　　2.2.3　专用夹具、组合夹具、可调夹具的选用

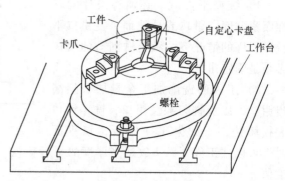

图 1-2-7　用自定心卡盘夹圆柱工件

　　1. 专用夹具

　　对于生产批量较大、精度要求较高的关键性零件，在加工中心上加工时，选用专用夹具是非常必要的。

　　专用夹具是根据某一工件的结构特点专门设计的夹具，具有结构合理、刚性强、装夹稳定可靠、操作方便、能提高安装精度及装夹速度等优点。选用这种夹具，一批工件加工尺寸比较稳定，互换性也较好，可提高生产效率。但是，专用夹具只能适应一种工件的加工，具有专用性，与产品品种不断变型更新的形势不相适应，特别是专用夹具的设计和制造周期长，花费的劳动量较大，加工简单工件时不太经济。

2. 组合夹具

组合夹具是一种标准化、系列化、通用化程度高的工艺装备。组合夹具由一套预先制造好的不同形状、不同规格、不同尺寸的标准元件及部件组装而成，组合夹具元件具有完全互换性及高耐磨性。组合夹具的标准元件、部件及作用见表1-2-2。

表 1-2-2 组合夹具的标准元件、部件及作用

序号	元件类别	作用	序号	元件类别	作用
1	基础件	夹具的基础元件	5	压紧件	作为压紧元件或工件的元件
2	支承件	作为夹具骨架的元件	6	紧固件	作为紧固元件或工件的元件
3	定位件	元件间定位和正确安装工件用的元件	7	其他件	在夹具中起辅助作用的元件
4	导向件	在夹具上确定切削刀具位置的元件	8	合件	用于分度、导向、支承等的组合件

组合夹具一般是为某一工件的某一工序组装的夹具，组合夹具把专用夹具的设计、制造、使用、报废的单向过程变为组装、拆散、清洗入库、再组装的循环过程，可用几小时的组装周期代替几个月的设计制造周期，从而缩短了生产周期，节省了工时和材料，降低了生产成本，还可减少夹具库房面积，有利于管理。

由于组合夹具有很多优点，又特别适用于新产品试制和多品种小批量生产，所以近年来发展迅速，应用较广。组合夹具的主要缺点是体积较大，刚度较差，一次性投资多、成本高，这使组合夹具的推广应用受到一定限制。

3. 可调夹具

通用可调夹具与成组夹具都属于可调夹具，其特点是只要更换或调整个别定位、夹紧或导向元件，即可用于形状和工艺相似、尺寸相近的多种工件的加工，不仅适合多品种、小批量生产的需要，也能应用在少品种、较大批量的生产中。采用可调夹具，可以大大减少专用夹具的数量，缩短生产准备周期，降低产品成本。可调夹具是比较先进的新型夹具。

2.2.4 夹具的选用原则

数控铣床、加工中心用夹具的选用方法是：在选择夹具时，根据产品的生产批量、生产效率、质量保证及经济性来进行选择，可参照下列原则选用：

1）在单件或研制新产品，且工件较简单时，尽量采用机用平口钳和自定心卡盘等通用夹具。

2）在生产量小或研制新产品时，应尽量采用通用组合夹具。

3）成批生产时可考虑采用专用夹具，但应尽量简单。

4）在生产批量较大时，可考虑采用多工位夹具和气动、液压夹具。

2.3 常用数控代码编程基础

数控机床的G代码准备功能字是使数控机床建立起某种加工方式的指令，如插补、刀具补偿、固定循环等。G功能字由地址符G和其后的两位数字组成，从G00～G99共100种功能。单个G代码代表的指令是固定的，可通过查表得知。

数控机床指令

2.3.1 精雕数控（NC）代码

除 G 代码外，主要使用的 5 个数控（NC）代码如下：

M03：主轴正转；

M05：主轴停转；

F：进给/每分钟；

S：主轴转速；

M30：返回程序头。

精雕数控代码举例如图 1-2-8 所示。

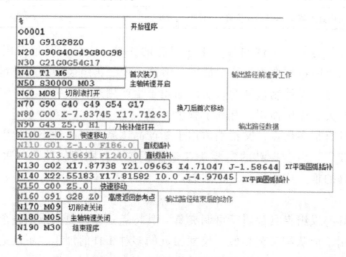

图 1-2-8　精雕数控代码举例

（1）G00 快速定位指令

指令格式：G00 X ＿　　Y ＿　　Z ＿

1）该指令使刀具按照点位控制方式快速移动到指定位置，移动过程中不得对工件进行加工。

2）所有编程轴同时以参数所定义的速度移动，当某轴走完编程值便停止，而其他轴继续运动。

3）不运动的坐标无需编程。

4）G00 可以写成 G0。

例：G00 X26.587 Y0.0 Z5.0

（2）G01 直线插补指令

指令格式：G01 X ＿　　Y ＿　　Z ＿　　F ＿

1）该指令使刀具按照直线插补方式移动到指定位置，移动速度是由 F 指令指定的进给速度。所有的坐标都可以联动运行。

2）G01 也可以写成 G1。

例：G01 Z-5.0 F600

Y-0.206

X26.584 Y-0.413

X26.58 Y-0.619

......

G00 指令与 G01 指令的区别：

G00 指令直接调用机床最大速度，不能用于切削加工；G01 指令配置进给速度 F，一般用于切削加工。

（3）进给速度 F

F 指令表示工件被加工时刀具相对于工件的合成进给速度，F 的单位取决于 G94（每分钟进给量 mm/min）或 G95（主轴每转一转刀具的进给量 mm/r）。使用下式可以进行每转进给量与每分钟进给量的转换。

$$f_m = f_r n$$

式中 f_m——每分钟进给量（mm/min）；

f_r——每转进给量（mm/r）；

n——主轴转速（r/min）。

当机床工作在 G01、G02 或 G03 方式下时，编程的 F 一直有效，直到被新的 F 值所取代；而当机床工作在 G00 方式下时，快速定位的速度是各轴的最高速度，与编程的 F 无关。借助机床控制面板上的倍率按键，F 可在一定范围进行倍率修调。当执行攻螺纹循环（G76、G82）以及螺纹切削（G32）时，倍率开关失效。

1）当使用每转进给量方式时，必须在主轴上安装一个位置编码器。

2）直径编程时，X 轴方向的进给速度为半径的变化量/分或半径的变化量/转。

（4）刀具功能 T

T 指令用于选刀。T 指令与刀具的关系是由机床制造厂规定的，请参考机床厂的说明书。执行 T 指令，转动刀架，选用指定的刀具。

当一个程序段同时包含 T 指令与刀具移动指令时，先执行 T 指令，然后执行刀具移动指令。

2.3.2 基础程序示例

1）绝对指令、增量指令的概念。

① 绝对指令 G90：与现在的位置没关系，移动后的位置以坐标值指定。

② 增量指令 G91：从现在的位置至到达的位置，以移动方向和移动量来指定。

2）绝对指令、增量指令的使用如图 1-2-9 所示。

从 A→B 移动时，按下列指令

G90 X80. Y80.

G91 X40. Y40.

从 B→A 移动时，按下列指令

G90 X40. Y40.

G91 X-40. Y-40.

3）绝对指令和增量指令的不同点如下：

绝对指令（G90）是移动后的位置以坐标值指定。

增量指令（G91）是移动后的位置以距离指定。

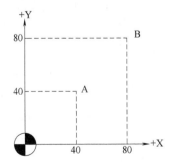

图 1-2-9　绝对指令、增量指令的使用

如图 1-2-9 所示，要求刀具从 A 点移动到 B 点：

如采用 G90 方式编程，与现在的位置 A 点没关系，与移动后的位置 B 点有关。B 的坐标值为（X80，Y80）即：G90 X80.Y80.。

如采用 G91 方式编程，则与移动方向和移动量有关：

刀具从现在位置向 X 正方向移动为 X+；

刀具从现在位置向 X 负方向移动为 X−；

刀具从现在位置向 Y 正方向移动为 Y+；

刀具从现在位置向 Y 负方向移动为 Y−。

从 A→B 移动时 X，Y 的方向都为正（+），X 方向移动的距离为 40，Y 方向移动的距离为 40，即：G91 X40.Y40.。

若要求刀具从 B 点移动到 A 点：

采用 G90 方式编程，与移动后的位置 A 点有关。A 点的坐标值为（X40，Y40）即：G90 X40.Y40.。

采用 G91 方式编程，X，Y 的方向都为负（−），X 方向移动的距离为 40，Y 方向移动的距离为 40，即：G91 X−40.Y−40.。

数控机床是以绝对指令（G90）还是以增量指令（G91）的方式运动，需在编程前告诉数控机床。因此编写数控程序时，在程序开头都会写上诸如 G90 G40 G49 G80 G00 等指令。

G 功能代码表见表 1-2-3。

表 1-2-3　G 功能代码表

代　码	组	功　能
G00		定位
G01		直线插补
G02	01	圆弧插补/螺旋线插补，顺时针（CW）
G03		圆弧插补/螺旋线插补，逆时针（CCW）
G04		停刀，准备停止
G05.1		AI 先行控制
G08	00	先行控制
G09		准确停止
G17		选择 XPYP 平面
G18	02	选择 ZPXP 平面
G19		选择 YPZP 平面
G21	06	米制输入
G22		存储的冲程检查功能 ON
G23	04	存储的冲程检查功能 OFF
G27		参考位置返回检查
G28	00	自动返回至参考位置
G29		从参考位置自动返回

（续）

代 码	组	功 能
G30		返回第2、第3、第4参考点
G31	00	跳转功能
G37		刀具长度自动测定
G40		刀具半径补偿取消/三维刀具补偿取消
G41	07	左侧刀具半径补偿
G42		右侧刀具半径补偿
G43		正向刀具长度补偿
G44	08	负向刀具长度补偿
G49		刀具长度补偿取消
G50		比例缩放取消
G51	11	比例缩放有效
G50.1		可编程镜像取消
G5任务1.1	22	可编程镜像有效
G52		局部坐标系设定
G53	00	选择机床坐标系
G54		选择工件坐标系1
G54.1		选择附加工件坐标系
G55		选择工件坐标系2
G56	14	选择工件坐标系3
G57		选择工件坐标系4
G58		选择工件坐标系5
G59		选择工件坐标系6
G61		准确停止方式
G64	15	切削方式
G66	00	宏程序调用
G68		坐标旋转
G69	16	坐标旋转取消
G73		排屑钻孔循环
G80		固定循环取消/外部操作功能取消
G81	09	钻孔循环、锪孔循环或外部操作功能
G82		钻孔循环或反镗孔循环
G83		排屑钻孔循环
G90		绝对值编程
G91	03	增量值编程
G92		设定工件坐标系或最大主轴速度
G92.1	00	工件坐标系预置

（续）

代　码	组	功　　能
G94	05	每分钟进给
G97	13	恒表面速度控制取消
G98	10	固定循环返回到初始点
G99		固定循环返回到 R 点
G100		调用外部功能

辅助功能 M 代码表见表 1-2-4。

表 1-2-4　辅助功能 M 代码表

M　指　令	功　　能
M00	程序暂停
M01	选择停止
M02	程序结束
M03	主轴正转
M04	主轴反转
M05	主轴停止
M06	换刀指令
M07	切削风冷
M08	切削液冷却
M09	冷却关闭
M13	测头开启
M14	测头关闭
M19	主轴定向(必须是定向主轴)
M30	程序结束
M98	调用子程序
M99	返回主程序

2.4　常见刀库的使用注意事项

刀库系统是提供自动化加工过程中所需储刀及换刀需求的一种装置，是加工中心的必备附件。刀库系统主要组成有刀库、机械手和驱动部分。

2.4.1　刀库的分类

常见的刀库有圆盘式和链式两类，其中链式刀库存放刀具的容量较大。换刀机构在机床主轴与刀库之间交换刀具，常见的为机械手；也有不带机械手而由主轴直接与刀库交换刀具的，称为直取式换刀装置。刀库的分类如图 1-2-10 所示。

刀库的介绍
及使用

2.4.2　刀库的主要技术指标

（1）换刀时间

1）刀对刀（tool-to-tool）。指把刀具从主轴拔下，并将新的刀具完全插入主轴所需的时间。

2）切削对切削（cut-to-cut）。指主轴从参考位置移向换刀位置，换完刀后再回到参考位置所需的时间。对于立式加工中心，参考位置是指各个坐标的行程中点。

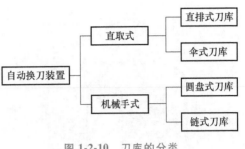

图1-2-10　刀库的分类

3）切屑对切屑（chip-to-chip）。指主轴从参考位置移向换刀位置，换完刀后再回到参考位置，在此过程中主轴起动并达到最高转速所需要的时间。

（2）刀具最大直径

1）刀具最大直径（不相邻）：相邻刀位空缺时，可以使用的最大刀具直径。

2）刀具最大直径（相邻）：相邻刀位装刀时，可以使用的最大刀具直径。

2.4.3　常用刀库

（1）直排式刀库

1）结构原理：如图1-2-11所示，直排式刀库中刀位直线排布，气缸驱动刀库推出拉回，同时带动刀库门的开关，是一种经济型的刀库。

2）换刀方式：直取式。

3）刀库容量：6~9把刀。

4）换刀时间（刀对刀）：约10s。

5）优势：结构简单，成本较低。

6）劣势：刀库容量小，需要占用进料高度，换刀时间长，防护比较困难。

（2）伞式刀库

1）结构原理：如图1-2-12所示，刀库的推出、拉回由气缸完成，刀位的变换依靠减速电动机驱动槽轮机构（图1-2-13）实现。

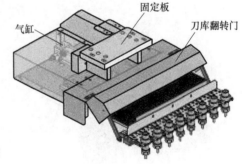

图1-2-11　直排式刀库

2）换刀方式：直取式或机械手式。

3）刀库容量：12~16把刀。

4）换刀时间（刀对刀）：机械手式0.8~1.2s，直取式约10s。

5）优势：无机械手时成本比较低，配机械手可以提高换刀速度。

（3）伺服伞式刀库

1）结构原理：如图1-2-14所示，刀盘呈半圆形，刀位的变换与刀库门的开关均由伺服电动机通过减速器实现。

2）换刀方式：直取式。

3）刀库容量：12~20把刀。

4）换刀时间（刀对刀）：约7s。

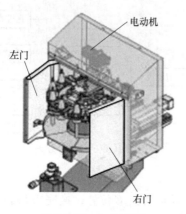

图 1-2-12 伞式刀库

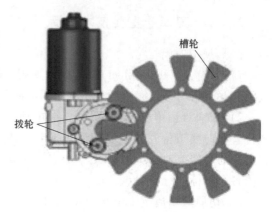

图 1-2-13 槽轮机构

5）优势：结构紧凑，占用空间小。

6）劣势：刀库容量较小，刀具重量受限制，换刀时间较长。

（4）圆盘式刀库

1）结构原理：如图 1-2-15 所示，圆盘式刀库通常装于机头侧部，刀位沿圆周均匀布局。目前刀位的变换有两种方式，一种与伞式刀库类似，为"电动机+拨轮+槽轮"方式，另一种为"电动机+凸轮+滚子分度盘"方式，通过凸轮推动分度盘做间歇运动。前者结构简单，后者运行平稳，节省空间。

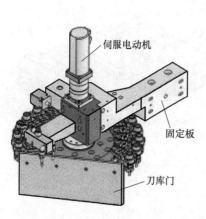

图 1-2-14 伺服（半盘）伞式刀库

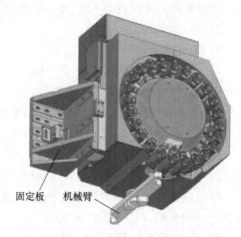

图 1-2-15 圆盘式刀库

2）换刀方式：机械手式。

3）刀库容量：24 把刀。

4）换刀时间（刀对刀）：0.8~1.2s。

5）优势：结构紧凑，换刀时间短。

（5）链式刀库

1）结构原理：如图 1-2-16 所示，刀位随链条绕形布局，伺服电动机经减速器驱动链条旋转，从而实现刀位的变换。

2）换刀方式：机械手式。

3）刀库容量：32把刀。

4）换刀时间（刀对刀）：0.8~1.2s。

5）优势：刀库容量大，换刀速度快，刀库的容量扩展比较容易实现。

6）劣势：占用空间大。

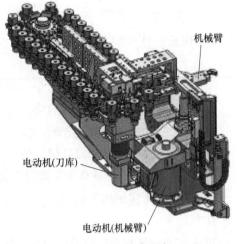

图1-2-16　链式刀库

2.4.4　刀库使用注意事项

（1）刀库的使用

1）对使用机械手换刀的刀库，最好使用固定位换刀的模式。

2）机械手要使用低速模式。

（2）测头的使用　对比较细长的测杆，机械手要使用低速模式。

（3）卡刀的处理　机械手发生卡刀时，要严格按照相应流程处理，切忌野蛮装卸刀具。

2.5　精密加工的注意事项

精密加工全过程应严格遵守安全操作规范，这不仅是保障人身和设备安全的需要，也是保证设备正常工作、达到技术性能、充分发挥其加工优势的需要。操作人员在使用机床前都要熟读操作规范，并严格遵照操作规范进行加工。

2.5.1　加工准备

1）穿戴好劳保用品。不要戴手套操作机床；若头发过长，需要将头发固定在额头以后位置。

2）开机后，检查气压、开关、按钮是否正常，机床有无异常现象，电主轴冷却回路中的冷却液是否流通，检查温度设定是否正确。

3）确保切削液充足，以免加工过程中流量变小。

4）每天首次使用机床或中间间隔半天以上时，电主轴要预热后再使用。带拉刀主轴要安装刀柄后预热，非拉刀主轴预热时要将压帽和夹头拧下或者装刀预热。预热过程中，注意主轴声音及温升是否正常。

5）仔细观察并阅读机床各部位警示牌上所警示的内容。

6）操作前必须熟知每个按钮的作用以及操作注意事项，不可尝试性操作。

7）在进行机床操作前，要确认台面上、护罩上、导轨上无异物。

8）机床使用过程中，只允许一人完成操作，其他人不得接触机床。

9）手动连续进给操作时，必须先检查所选择的各开关位置是否正确，弄清正负方向，认准按键，然后再进行操作。

10）禁止用铁锤敲击机床部件、附件，吊装工件上工作台必须慢运轻落，严防撞击。

2.5.2　加工实施

1）保证工件安装正确。安装夹具时需要确保安装基准与安装要求一致并已经紧固到位。

2）确认刀具伸出量和圆跳动量，确认刀柄清洁并定位准确。

3）刀具号和刀库内刀号应对应。

4）检查自动换刀装置（ATC）换刀过程中，切削液管是否和刀库干涉。

5）确认工件坐标系和刀具偏置值。

6）确认 NC 程序，确认加工程序与加工刀具单一致。

7）观察机床实际加工状态。

注意：

机床处于切削状态或自动换刀时，防护门必须关闭。注意观察判断切削声音、机床振动情况是否正常。

装卸及测量工件、清理切屑时必须等机床停止、主轴停转后进行，此时千万不要触及程序起动按钮，以防伤人。

主轴旋转切削过程中不能用手去除切屑或触摸工件。

注意刀具在刀库中是否互相干涉；大盘铣刀只能手工装卸，禁止放入刀库，防止刀具碰撞。

工作中发生不正常现象或故障时，应立即停机排除或通知维修人员检修。

2.5.3　加工结束

1）加工完毕后，将 Z 轴回归最高点，X、Y 轴移动到行程的中间位置。

2）清理机床前从刀库中和电主轴上取下刀柄，并把刀柄和刀具分类整理，清洁入库。

3）卸工件时不要在机床上敲击工件或工装夹具。

4）清除切屑，擦拭机床及控制设备，打扫工作场地（机床运转时，不允许清洁、检查、维护或修理机床）。

5）按顺序开关机，先开机床再开数控系统，先关数控系统再关机床（切记切断机床总气源和总电源）。

本 章 小 结

1）学习了刀具的基本知识、刀具的加工方式、刀具的装夹以及刀具的鉴别等正确选用刀具的知识。

2）学习了工件装夹的基本要求，常用工装夹具，夹具选用原则等正确选用工装夹具的知识。

3）学习并了解了精雕数控系统所用的 NC 代码。

4）了解了常见刀库使用注意事项和精密加工注意事项。

思　考　题

（1）讨论题

1）说明硬质合金涂层刀具和金刚石刀具的主要区别是什么，它们的适用范围怎样。

2）刀具的种类有哪些？

3）加工过程中顺铣和逆铣如何区分？

4）刀具的装夹有哪些注意点？

5）工件装夹的基本要求有哪些？

6）应该怎么选用专用夹具、组合夹具和可调夹具？

7）刀库是由哪些部件组成的？

8）常见的刀库有哪些种类？各自的优缺点是什么？

9）卡刀时如何处理？

10）精密加工实施过程的注意事项有哪些？

（2）选择题

1）（　　）不适合加工黑色金属，一般在有机材料切割和高光型面板加工中使用。

A. 金刚石刀具　　　　　B. 硬质合金刀具　　　　　C. 陶瓷刀具

2）（　　）刀齿的切削厚度从 0 到最大，刀齿在工件表面上挤压和摩擦，刀齿较易磨损。

A. 顺铣　　　　　　　　B. 逆铣　　　　　　　　　C. 平铣

3）（　　）为一刀切透、双边切削，主要用于非金属材料切割。

A. 切割形式　　　　　　B. 开槽形式　　　　　　　C. 单边切削

4）（　　）为双边切削，切削深度较浅，主要用于金属、非金属材料粗加工，刀具强度相对较弱的情况。

A. 切割形式　　　　　　B. 开槽形式　　　　　　　C. 单边切削

5）（　　）装夹方便，应用广泛，适于装夹形状规则的小型工件。

A. 机用平口钳　　　　　B. 压板　　　　　　　　　C. 自定心卡盘

6）对中型、大型和形状比较复杂的工件，一般采用（　　）将工件紧固在数控铣床工作台台面上。

A. 机用平口钳　　　　　B. 压板　　　　　　　　　C. 自定心卡盘

（3）判断题

1）绝对指令（G90）是移动后的位置以坐标值指定的方式。（　　　　）

2）刀具最大直径（不相邻）是指相邻刀位空缺时，可以使用的最大刀具直径。（　　　　）

3）主轴旋转切削过程中可以小心用手去除切屑或触摸工件。（　　　　）

4）卸工件时不要在机床上敲击工件或工装夹具。（　　　　）

模块 2

仿真加工篇

槽轮仿真加工

知识点介绍

通过本任务的学习，帮助学生理解工件从三维建模、工艺设计到仿真加工的实际意义，了解通用夹具的选用方法，并能够熟练掌握 JDSoft-SurfMill 软件中的区域切割、轮廓切割、单线切割和钻孔等仿真加工功能模块的编程方法。

能力目标要求

1）学会三维模型的建模方法和软件的基本操作流程。

2）学会 3 轴双面加工工件的工艺分析和工艺方案设计方法。

3）学会编写工艺文件，选择合适的加工设备、加工与检测工具、工艺参数等。

4）学会加工平台的设置方法，如机床、刀柄、刀具、毛坯、夹具、几何体等。

5）掌握 2.5 轴加工的编程方法，以及该功能模块的仿真加工操作流程。

6）理解机床与工件的碰撞检查、干涉检查和最小装刀长度计算的操作方法。

7）了解在仿真加工过程中，采用线框模拟、实体模拟对仿真刀具路径进行优化的方法。

8）学会采用仿真加工软件独立完成外形、结构简单的工件的仿真加工。

任务1.1 任务分析

1.1.1 工件结构特征分析

图 2-1-1 所示为槽轮的图样。该工件的外形轮廓较为规整，结构特征清晰明了，其结构元素包含平面、曲面、台阶、孔、螺纹和倒角等基本几何特征。

槽轮工件材料是 6061 变形铝合金，外围轮廓最大尺寸为 40mm×40mm×20mm，由底层、中间层和顶层三部分组成。工件结构的主要特征是大平面、槽、孔、台阶面等。底层由边长为 40mm×40mm 的大平面和 4 个 M4 的螺纹孔构成，底层高度为 10mm；中间层由边长为 30mm×30mm 的大平面、对角 2 个 C5 的倒角和 2 个 R5mm 的圆弧构成，中间层高度为 5mm；顶层结构是在 26mm×26mm 大平面的基础上，对称开设 4 个 4mm×5mm 半圆形的开口槽和 4 个 R17mm 的圆弧面，顶层高度为 5mm。底层平面上 4 个 M4 螺纹孔的位置尺寸公差为 0.06mm；中间层两侧面的尺寸公差为 0.1mm。

另外，在图样的技术要求中：第一点，要求槽轮的所有锐边需要以C0.1倒角的方式进行处理，并去除所有棱角处的飞边和毛刺，以免槽轮在转运过程中发生伤人事故；第二点，要求槽轮的所有已加工表面不允许有划伤和碰伤等缺陷；第三点，要求图中所有未注长度尺寸公差为±0.1mm。

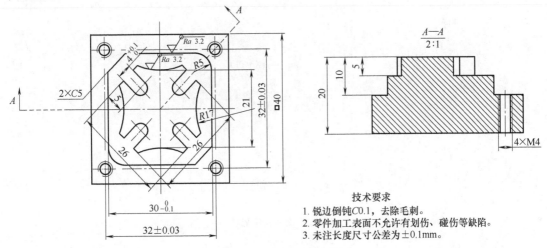

图 2-1-1　槽轮图样

1.1.2　建模方法

根据槽轮的图样可以得出，该工件是一种轴对称图形，且外形轮廓尺寸从底到顶逐渐变小，外形特征从底层到顶层也是由简单到复杂。为了保证建模的质量和效率，在对槽轮做三维建模之前，要考虑建模的次序和方法。

建模工具：采用JDSoft-SurfMill 9.5软件的3D功能模块。

建模次序：根据槽轮的结构特征和加工工艺属性，建模采用的方法是"由底向顶"或"自下向上"的顺序建立槽轮的三维模型。

建模方法：根据槽轮的建模次序，采用分层拉伸面的方法建模。

1.1.3　常见问题

在JDSoft-SurfMill 9.5软件中所建立的三维模型，仅仅是由基本几何要素包络形成的具有三维立体特征的包络面，它是毛坯材料与工件材料的分界面，故该三维模型不存在理论上的实体结构。

任务1.2　槽轮的三维建模

槽轮的三维
建模 1

1.2.1　建模准备

1. 打开软件

双击桌面上的 图标，或单击任务栏"开始"菜单中的【JDSoft-SurfMill V9.5 X64】命令，打开JDSoft-SurfMill 9.5软件，进入如图2-1-2所示的操作界面。

图 2-1-2　操作界面

2. 新建任务

在工具条中单击![按钮，或单击【文件】下
拉菜单中的【新建】命令，弹出如图 2-1-3 所示
的"新建"对话框。然后单击【确定】按钮，
弹出如图 2-1-4 所示的任务设计界面。

单击"导航工作条"中的【3D 造型】图标
按钮![，进入如图 2-1-5 所示的 3D 造型工作界
面。然后，单击菜单栏中的【曲线】按钮，进入
曲线绘制工作界面。

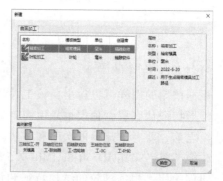

图 2-1-3　"新建"对话框

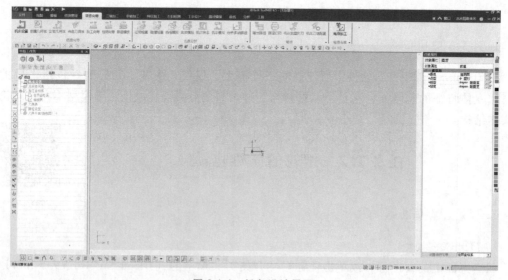

图 2-1-4　任务设计界面

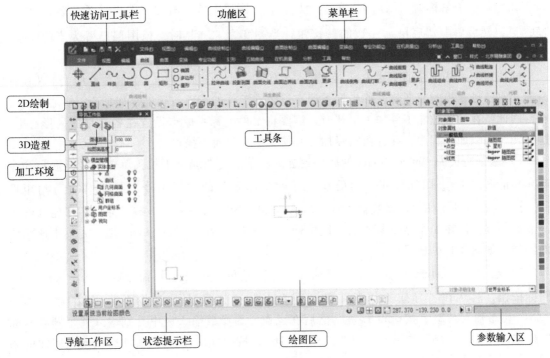

图 2-1-5　3D 造型工作界面

1.2.2　建立槽轮的三维模型

1. 建立槽轮底层模型

（1）绘制二维轮廓曲线　为了便于模型要素的绘制，在建模前需要先建立"图层"。在 3D 造型工作界面右侧的对象属性/图层列表中单击【图层】按钮，如图 2-1-6 所示。再单击

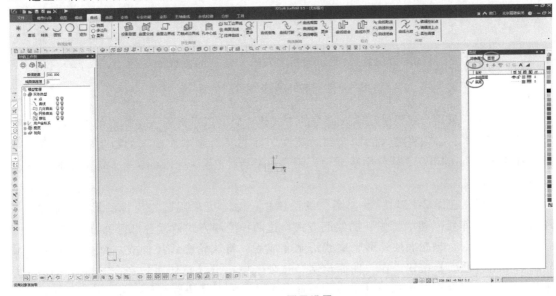

图 2-1-6　图层设置

按钮新建一个名称为"图层1"的新图层，在该图层上单击右键，选择【重命名】，输入"底层"，然后单击"底层"左边的⋯按钮，当⋯变为"✓"时，该图层已置为当前图层。之后，在绘图区绘制的所有图形要素将会保存在该图层中。

操作说明：从槽轮的图样中可以得出，槽轮是一个轴对称图形。根据数控加工工艺设计原理，在三维建模时需要将工件坐标系原点设置在工件的特殊位置处，如形心、中心和对称点，因此，在设置槽轮工件加工工艺时，需要将工件坐标系原点设置在各层平面的形心上，这样便于编制加工程序，并且在实际加工时便于机床的对刀操作。

1）绘制边长为 40mm×40mm 的底层轮廓面。单击【曲线】下拉菜单中的【矩形】命令或在功能区单击 图标按钮，然后在"导航工作条"的"子命令"中选择【直角矩形[A]】，并在软件工作界面参数输入区中输入"20，20"，按<Enter>键，完成矩形轮廓线第一点的创建。再在工作界面参数输入区中输入"-20，-20"，按<Enter>键，完成矩形轮廓的创建，如图 2-1-7a 所示。

2）绘制 4 个 φ4mm 的孔。单击【曲线】下拉菜单中的【圆】命令或在功能区单击 图标按钮，然后在"导航工作条"的"子命令"中选择【圆心半径[A]】，在"半径[Z]"栏中输入"2"，按<Enter>键，然后在工作界面参数输入区中分别输入 4 个圆心坐标"16，16""16，-16""-16，-16""-16，16"，按<Enter>键，完成 4 个圆形轮廓线的创建，如图 2-1-7b 所示。

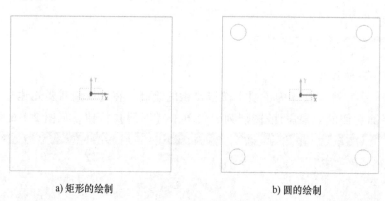

a) 矩形的绘制   b) 圆的绘制

图 2-1-7 槽轮底层轮廓线的绘制

注意事项：采用命令栏手动输入命令的方式建模时，以手动输入坐标点的形式绘制某种特征的几何要素，必须将输入法切换到"英文"状态，否则本次输入的数值将会出错。另外，在 JDSoft-SurfMill 9.5 软件中手动输入所有数值后，必须按<Enter>键，软件才能接收该项数据。

操作拓展：在图 2-1-7b 所示"圆"的绘制中，除了可采用圆心坐标的形式绘制之外，还可以采用"阵列"和"镜像"的绘制方式。这两种绘制方式请读者自行练习。

（2）拉伸面 槽轮底层外形轮廓线绘制完成后，将该轮廓线拉伸成三维包络面的立体轮廓。单击【曲面】按钮，在"曲面绘制"选项卡中单击【拉伸面】命令，然后在"导航工作条"的"子命令"中选择【沿方向拉伸[A]】，单击【拾取拉伸曲线[Q]】按钮，在绘图区框选所有已绘制的轮廓线，然后单击【↑选择拉伸方向[E]】按钮，再在工作界面左下角处单击 Z 图标按钮，并在"拉伸距离［D］"中输入数字"10"（该数值为底层的拉伸高度），再在"选项"对话框中选择"加上盖［X］"，最后按<Enter>键确认，完成槽轮底层轮廓线的拉伸，如图 2-1-8 所示。

a) 正面   b) 背面

图 2-1-8 槽轮底层拉伸面

2. 建立槽轮中间层模型

（1）绘制二维轮廓曲线 为了便于中间层轮廓线的绘制，且不受底层轮廓面上几何特征要素的影响，需要重新建立中间层的图层。另外，在中间层轮廓线的绘制过程中，为了不受其他图形要素的干扰，将设计窗口中已有的图形要素进行隐藏。

（2）调整坐标系 根据槽轮图样可得，中间层的结构是在底层面上建立起来的，为了便于槽轮中间层轮廓曲线的绘制，需要将工件坐标系的原点移动到底层上表面的形心位置处。在菜单栏中单击【变换】按钮，在"基本变换"功能区单击【3D 平移】图标按钮，再在"导航工作条"中单击【拾取对象［Q］】，框选绘图区中的底层三维拉伸面，再在"DZ［D］"文本框中输入数字"-10"，按<Enter>键，完成槽轮底层拉伸面沿-Z 轴的平移，如图 2-1-9 所示。

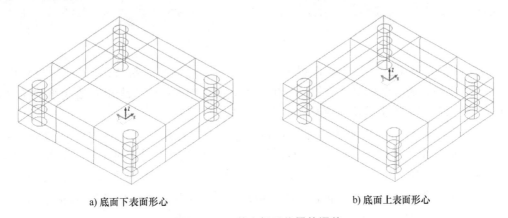

a) 底面下表面形心   b) 底面上表面形心

图 2-1-9 工件坐标系位置的调整

（3）新建图层 在图层列表中单击【新建】图标按钮，弹出名称为"图层 1"的新图层，在该图层上单击右键，选择【重命名】，输入"中间层"。单击"中间层"左边的...

按钮，当 ··· 变为 ✔ 时，该图层已置为当前图层，接下来单击"底层"图层中的 👁 图标按钮，将绘图区中槽轮底层面的图形要素隐藏起来。

（4）绘制中间层的轮廓曲线 槽轮中间层由边长为 30mm×30mm 的大平面，对角 2 个 C5mm 的倒角和 2 个 R5mm 的圆弧构成，中间层的高度为 5mm。

单击功能区的 🔲 图标按钮，将绘图区调整到"俯视图（XOY）"视角。单击【曲线】下拉菜单中的【矩形】命令，在"导航工作条"的"子命令"中选择【直角矩形［A］】，并在工作界面参数输入区中输入"15，15"，按<Enter>键，完成矩形轮廓线第一点的创建。再在工作界面参数输入区中输入"−15，−15"，按<Enter>键，完成中间层矩形轮廓的创建。

依次单击【曲线】→【曲线编辑】→【曲线倒角】命令或单击 ⌐ 图标按钮，在"导航工作条"的"子命令"中选择【两线倒圆角［A］】，在"参数"栏下的【圆角半径［X］】文本框中输入数字"5"。然后在绘图区中分别拾取边长为 30mm×30mm 矩形轮廓线的右上角和左下角的边界线。再在"导航工作条"的"子命令"中选择【两线倒斜角［D］】选项，在"导航工作条""参数"栏下的"距离 1［C］"和"距离 2［V］"文本框中，按照图样给定的尺寸分别输入数字"5"和"5"。之后，在绘图区中分别拾取边长为 30mm×30mm 矩形轮廓线的左上角和右下角的边界线，按<Enter>键，完成槽轮中间层轮廓曲线的创建，如图 2-1-10 所示。

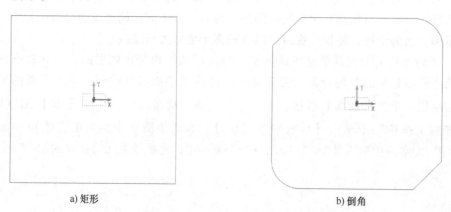

a) 矩形   b) 倒角

图 2-1-10 槽轮中间层轮廓曲线绘制

注意事项：在槽轮中间层轮廓曲线的绘制过程中，除了可采用"矩形"和"倒角"两项功能指令之外，还可以采用"直线"功能指令。槽轮中间层的二维轮廓曲线绘制完成后，采用"拉伸面"的方式将其拉伸成具有三维结构造型的包络面。

（5）拉伸中间层面 单击【曲面】按钮，在"曲面绘制"功能区单击【拉伸面】命令。在"导航工作条"的"子命令"中选择【沿方向拉伸［A］】，再单击【拾取拉伸曲线［Q］】按钮，在绘图区中框选所有已绘制的二维轮廓曲线，单击【↑选择拉伸方向［E］】按钮，再在工作界面的左下角处单击 Z 图标按钮，在"拉伸距离［D］"文本框中输入数字"5"（该数值为中间层的拉伸高度），再在"选项"对话框中选择"加上盖［X］"，按<Enter>键确认，完成槽轮中间层面轮廓线的拉伸，如图 2-1-11 所示。

（6）组合槽轮底层面和中间层面 在【曲面】命令下"曲面编辑"选项卡中单击【线面裁剪】图标按钮 ⬚，展开【线面裁剪】的下拉列表，选择【面面裁剪】命令。在"导航

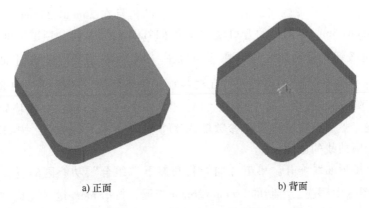

a) 正面   b) 背面

图 2-1-11　槽轮中间层拉伸面

工作条"的"子命令"中选择【分割曲面［S］】，单击【拾取曲面组 1［Q］】按钮，在绘图区中拾取底层的顶面。单击【拾取曲面组 2［W］】按钮，在绘图区中拾取中间层的侧面，按<Enter>键确认，完成相交平面的分割。最后，拾取底层顶面中被分割出来的与中间层相等的小平面，按<Delete>键将其删除，如图 2-1-12 所示。

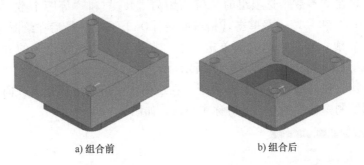

a) 组合前   b) 组合后

图 2-1-12　拉伸面的组合

3. 建立槽轮顶层模型

（1）绘制二维轮廓曲线　槽轮顶层曲线的绘制方法与前两层的绘制方法相同，不再赘述。

（2）调整坐标系　单击【变换】按钮，在"基本变换"功能区单击【3D 平移】图标按钮，在"导航工作条"中单击【拾取对象［Q］】，框选绘图区中已有的三维拉伸面，再在"DZ［D］"文本框中输入数字"-5"，按<Enter>键，完成槽轮拉伸面沿-Z 轴平移。此时，槽轮工件坐标系的原点将在中间层面的形心位置上。

槽轮的三维
建模 2

（3）新建图层　在工作界面右侧的图层列表中，单击【新建】图标按钮，弹出名称为"图层 1"的新图层。在该图层上单击右键，选择【重命名】，输入"顶层"。单击"顶层"左边的⋯按钮，当⋯变为✔时，该图层已置为当前图层。接下来，分别单击"底层"和"中间层"图层中的👁图标按钮，将绘图区中槽轮底层面和中间层面上的图形要素全部隐藏起来。

（4）创建顶层轮廓特征的二维曲线　槽轮顶层结构是在 26mm×26mm 大平面的基础上，对称开设 4 个 4mm×5mm 半圆形的开口槽和 4 个 $R17mm$ 的圆弧面，顶层高度为 5mm。

单击 图标按钮，将绘图区调整到"俯视图（XOY）"视角。单击【曲线】下拉菜单中的【矩形】命令或单击 图标按钮，在"导航工作条"的"子命令"中选择【直角矩形 [A]】，并在工作界面参数输入区中输入"13，13"，按<Enter>键，完成槽轮顶层矩形轮廓线第一点的创建。然后，在工作界面参数输入区中输入"-13，-13"，按<Enter>键，完成槽轮顶层矩形轮廓曲线的创建。

将槽轮顶层矩形曲线炸开。单击【曲线】功能下"组合"功能区的【曲线炸开】图标按钮 ，在绘图区中框选已绘制的 26mm×26mm 矩形，按<Enter>键，完成"曲线炸开"的操作。

操作说明：采用【曲线】→【矩形】图标按钮 时，绘制的矩形是一条首尾相接的闭合曲线。当采用【曲线炸开】命令后，可将矩形曲线分解为 4 条依次衔接的矩形边界线。

在槽轮顶层轮廓曲线的形心处，绘制水平和竖直位置的中心线。在【曲线】功能下的"曲线编辑"功能区单击【曲线等距】按钮，在"导航工作条"的"子命令"中选择【单线等距 [A]】，再在"参数"选项组的"等距距离 [R]"和"等距个数 [T]"文本框中分别输入数字"13"和"1"，并单击【拾取曲线 [Q]】按钮，然后在绘图区中拾取矩形水平方向的一条边界线，并在矩形内部单击一下，来确定"曲线等距"的方向，按<Enter>键，完成"曲线等距"操作，如图 2-1-13 所示。

用同样的方法，在【曲线等距】功能下，在绘图区中拾取矩形竖直方向的一条边界线，为槽轮顶层轮廓绘制一条铅垂方向的对称中心线，如图 2-1-14 所示。

图 2-1-13　曲线等距命令

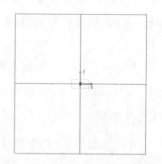

图 2-1-14　槽轮顶层对称中心线

绘制 4 个 4mm×5mm 半圆形开口槽。在【曲线】功能下的"曲线编辑"功能区单击【曲线等距】按钮，在"导航工作条"的"子命令"中选择【单线等距［A］】，再在"参数"选项组的"等距距离［R］"和"等距个数［T］"文本框中分别输入数字"2"和"1"，并单击【拾取曲线［Q］】按钮。然后在绘图区中拾取矩形竖直方向的一条对称中心线，在该对称中心线左、右两侧分别单击一下，来确定"曲线等距"的方向。采用同样的方法，在"参数"选项组的"等距距离［R］"和"等距个数［T］"文本框中分别输入数字"5"和"1"，等距一条水平方向的辅助线，如图 2-1-15a 所示。

单击【曲线】→【圆】指令，绘制一个半径为"2"的圆，如图 2-1-15b 所示。

裁剪多余的曲线。在【曲线】功能下的"曲线编辑"功能区单击【曲线裁剪】按钮，在"导航工作条"的"子命令"中选择"快速裁剪［A］"选项，然后在绘图区中单击要裁剪的曲线（单击的线被删除），手动删除不需要的辅助线。按<Enter>键，完成"曲线裁剪"操作，如图 2-1-15c 所示。

a) 绘制辅助线　　　　　　b) 绘制圆　　　　　　c) 槽型开口特征

图 2-1-15　槽型特征绘制

对槽型开口特征进行阵列操作。首先，框选构成槽型开口特征的所有曲线，在【变换】功能下的"基本变换"功能区，展开【矩形阵列】的下拉菜单，选择【圆形阵列】命令。在"导航工作条"的"阵列方式"中选择"阵列个数和填充角度［A］"，在"阵列参数"选项组的"阵列个数""填充角度"和"起始角度"文本框中分别输入"4""360"和"0"，如图 2-1-16 所示。然后在绘图区拾取顶层轮廓曲线的坐标原点（即形心或对称中心点），按<Enter>键，完成"圆形阵列"操作，如图 2-1-17 所示。

操作拓展：本任务中槽型开口特征，除了可采用【圆形阵列】命令创建之外，还可以采用【镜像】功能指令绘制。采用【镜像】方式绘制槽型特征，请读者自行练习。

在【曲线】功能下的"曲线编辑"功能区单击【曲线裁剪】按钮，裁剪掉槽型开口结构的多余曲线，然后在【曲线】功能区单击【直线】按钮，绘制槽轮顶层矩形结构的两条对角线，将该对角线作为后续特征绘制的辅助线，如图 2-1-18 所示。

根据槽轮的图样可知，顶层轮廓曲线需要在 XOY 平面上旋转 45°（顺时针或逆时针方向旋转均可），才能满足图样上结构特征的要求。

首先，在绘图区中框选槽轮顶层轮廓曲线的所有特征，然后在【变换】功能下的"基本变换"功能区单击【旋转】按钮，在绘图区中拾取坐标原点，在命令行提示"输入参考点"时，单击竖直方向对称中心线的上端点，在命令行提示"输入旋转角度"时，在绘图区中任意拾取左右对角线的上端点，按<Enter>键，完成"旋转"操作，如图 2-1-19 所示。

图 2-1-16　圆形阵列

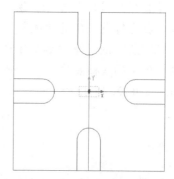

图 2-1-17　阵列槽型特征

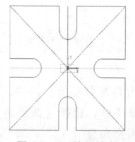

图 2-1-18　特征绘制

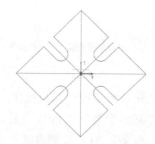

图 2-1-19　特征旋转

接下来，绘制槽轮顶层的 4 个 R17mm 圆弧。在【曲线】功能下的"曲线编辑"功能区单击【曲线等距】按钮，将一条水平线沿 Y 轴的正方向等距 27.5mm，得到水平线与竖直方向直线的交点，即 R17mm 圆弧的圆心。在【曲线】功能下的"曲线编辑"功能区单击【圆】按钮，绘制半径为 17mm 的圆弧，再单击【圆形阵列】命令，将半径为 17mm 的圆弧进行阵列，如图 2-1-20 所示。

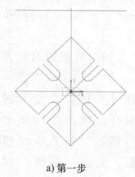

a) 第一步

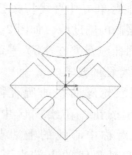

b) 第二步

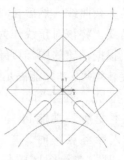

c) 第三步

图 2-1-20　圆弧特征绘制

在【曲线】功能下的"曲线编辑"功能区单击【曲线裁剪】按钮，裁剪掉槽轮顶层轮廓结构的多余曲线，如图 2-1-21 所示。

槽轮顶层的二维轮廓曲线绘制完成后，采用"拉伸面"的方式将其拉伸成具有三维结构造型的包络面。

（5）拉伸槽轮顶层面　在【曲面】功能下的"曲面绘制"功能区单击【拉伸面】按钮，绘制槽轮顶层高度为 5mm 的拉伸面特征，如图 2-1-22 所示。

（6）组合槽轮中间层与顶层拉伸面　将槽轮底层、中间层和顶层的图层全部显示出来。

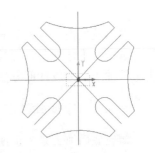

图 2-1-21　槽轮顶层轮廓特征

在【曲面】功能下的"曲面编辑"功能区单击【线面裁剪】图标按钮 ，展开【线面裁剪】的下拉列表，选择【面面裁剪】命令，组合后的图形如图 2-1-23 所示。

图 2-1-22　槽轮顶层轮廓的三维模型

图 2-1-23　拉伸面的组合

（7）补全底面　在图层列表中，将"当前图层"切换到"底层"。单击【曲面】功能下"曲面绘制"功能区的【平面】按钮，在"导航工作条"的"子命令"中选择【边界平面［D］】命令，在绘图区中依次拾取底层轮廓的边界线，按<Enter>键，完成"平面"操作，如图 2-1-24 所示。

最后，采用【线面裁剪】命令，裁剪底面处的 4 个圆柱孔，如图 2-1-25 所示。

图 2-1-24　补面操作

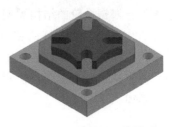

图 2-1-25　槽轮的三维模型

（8）组合整体结构　在槽轮结构的建模过程中，为了便于操作，将槽轮分为底层、中间层和顶层三个部分来建模。当这三层结构建模完成后，应将其还原成一个结构统一的有机整体。在【曲面】功能下的"组合"功能区单击【曲面组合】按钮，在绘图区中框选所有的面，然后按<Enter>键，完成"曲面组合"操作，如图 2-1-26 所示。此时，建模任务已完成，单击【保存】，生成"槽轮.escam"文件。

图 2-1-26　组合后的槽轮三维模型

任务 1.3 槽轮底面工艺分析

对槽轮底面（反面）进行仿真加工，需要大量的工艺知识做基础，如工艺分析、加工设备选型、毛坯准备、刀具参数和工艺参数设置等。本节通过槽轮底面的仿真加工实例，阐明工件加工工艺设计的方法与流程，为提升工件加工质量奠定基础。

1.3.1 底面加工工艺分析

槽轮底面加工是为正面加工做准备，也是为槽轮正面轮廓特征的加工精度提供质量保障。另外，槽轮底面作为正面加工的安装基准，其尺寸精度、表面粗糙度和面上孔的位置精度等要素，都会影响槽轮正面轮廓特征的加工质量。

由槽轮的图样可得，底面由边长为 40mm×40mm 的大平面和 4 个 M4 的螺纹孔构成，且螺纹孔位置尺寸公差为 0.06mm。

在槽轮底面加工过程中，先要对底面的大平面进行粗、精加工后，才能在该平面上钻削或铣削螺纹孔。另外，加工槽轮正面时，毛坯材料去除量大，加工过程中会受到热和力的作用，对工件形、位影响较大（如热变形、面翘曲等缺陷）。因此，槽轮底层螺纹的加工安排在正面加工后，只有按照这种加工次序，才能保证大平面上 4 个螺纹孔的形位精度。

1.3.2 底面加工方案分析

加工设备：根据槽轮的材质、外形结构和加工要求进行综合考虑，在本次仿真加工中选择 3 轴数控铣床，如 JDCT400E-A10H 型机床。

装夹形式：槽轮外形轮廓特征较为单一，且几何结构特征较为规整，为了工件在夹具上拆卸方便，可选择较为通用的装夹方式，如机用平口钳装夹。

加工刀具：槽轮工件材料是 6061 铝合金，加工的刀具可选用无涂层的平底刀、钻头和大头刀三种刀具。

毛坯类型：根据槽轮的结构类型，工件毛坯选择 6061 铝合金方块体。

加工方法：首先，对选好的铝合金方块体毛坯进行钳工处理，之后按照"六点定位"原则将毛坯安装在机床工作台的机用平口钳上定位牢靠，然后按照粗铣侧面轮廓→精铣侧面轮廓→检测→精铣底面大平面→检测→粗加工孔→精加工孔→检测的加工顺序，对槽轮底面进行数控铣削加工。

1.3.3 底面加工工艺卡

根据槽轮底面加工工艺方案，通过核验、论证和整理后形成指导槽轮工件加工的工艺文件。槽轮底面加工工艺卡见表 2-1-1。

表 2-1-1 槽轮底面加工工艺卡

序号	工步内容	刀具名称	主轴转速/(r/min)	进给速度/(mm/min)	吃刀深度/mm	路径间距/mm
1	侧面轮廓粗加工	平底刀 JD-10.00	7000	1000	1	2

（续）

序号	工步内容	刀具名称	主轴转速 /(r/min)	进给速度 /(mm/min)	吃刀深度 /mm	路径间距 /mm
2	侧面轮廓精加工	平底刀 JD-10.00	9000	900	1	1
3	尺寸检测	游标卡尺	—	—	—	—
4	底面大平面精加工	平底刀 JD-10.00	9000	900	0	2.5
5	尺寸检测	游标卡尺	—	—	—	—
6	粗加工孔	平底刀 JD-3.00	7000	1000	0.3	—
7	精加工孔	平底刀 JD-3.00	9000	900	0.2	—
8	尺寸检测	游标卡尺	—	—	—	—
9	棱边倒角	大头刀 JD-90-0.1	10000	1000	0.1	—

1.3.4 底面装夹方案分析

槽轮底面加工的毛坯是 6061 铝合金方块体，并且已经过钳工处理。结合本节中对槽轮底面加工工艺方案的分析，可知采用通用夹具机用平口钳作为本次加工的夹具。根据机用平口钳夹紧工件的限位特性，调整毛坯面与机用平口钳两夹紧面的位置，以及毛坯底面与机用平口钳垫铁的贴合程度。

槽轮最大外形尺寸为 40mm×40mm，可将毛坯长度和宽度方向的尺寸设置为 43mm×43mm，高度方向的尺寸设置为 26mm。采用机用平口钳装夹毛坯加工时，在高度方向会占4mm 才能保证装夹的稳定性，因此槽轮底面高出机用平口钳钳口约 22mm。该值在确定刀具和刀杆伸长量时有一定的参考价值，也为避免刀具与工件碰撞的安全距离的设定提供参考。工件装夹方式如图 2-1-27 所示。

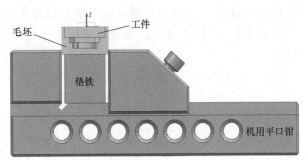

图 2-1-27 工件装夹方式

任务 1.4 槽轮底面仿真加工编程

2.5 轴加工   2.5 轴加工
方法 1   方法 2

1.4.1 仿真加工准备

1. 新建任务

打开 JDSoft-SurfMill 9.5 软件，新建一个空白任务窗口，进入 3D 造型功能模块。

2. 导入模型

（1）工件模型　单击【文件】→【打开】按钮，将任务 1.2 中建立的"槽轮 .escam"三维模型的特征信息读入软件中。

槽轮底面加
工准备_1

（2）夹具模型　单击【文件】→【输入】→【三维曲线曲面】按钮，将"机用平口钳 .iges"三维模型的特征信息读入软件中。

3. 设置图层

单击【图层】→【新建】按钮，分别建立名称为"槽轮""机用平口钳"和"辅助线"的 3 个图层。然后，在绘图区中框选槽轮三维模型的所有图形要素，再在图层列表的"名称"栏中名称为"槽轮"的图层上单击右键，选择【移动对象到图层（M）】命令，将所拾取的图形要素移动到选定的图层中。

采用同样方式，将机用平口钳三维模型的图形要素移动到"机用平口钳"图层中，然后，将"机用平口钳"隐藏。

4. 设置坐标系

对于槽轮的底面和正面加工，经过工艺分析，应采用"基准统一"或"基准重合"的原则以提升加工质量，因此将槽轮的工件坐标系原点设置在底面的形心处。

（1）图形翻转　根据软件读入的"槽轮 .escam"三维模型特征，查找工件坐标系所在的当前位置，执行【变换】→【图形聚中】→【聚中方式】→【按照包围盒】命令，框选槽轮所有结构特征。然后，执行【X 轴方向［A］】→【中心聚中［O］】→【Y 轴方向［S］】→【中心聚中［O］】→【Z 轴方向［D］】→【中心聚中［O］】命令。最后，按<Enter>键完成"图形聚中"操作。

执行【变换】→【图形翻转】→【拾取对象［Q］】命令，框选槽轮所有结构特征，执行【翻转参数】→【绕 X 轴方向翻转［A］】→【翻转角度［F］】→输入数字"180"→【翻转中心】→【用户坐标系原点［H］】命令。最后，按<Enter>键完成"图形翻转"操作。

操作拓展：采用【3D 平移】和【3D 旋转】命令也可以将工件坐标系调整到槽轮底面的形心处，请读者自行练习。

（2）工件与夹具的安装　在 3D 造型功能模块中，单击"机用平口钳"图层，将机用平口钳的三维模型显示出来。然后，根据"槽轮"和"机用平口钳"在当前绘图区中的实际位置进行距离测量（单击【分析】→【距离】）。再采用图形位置调整指令，将工件和夹具之间的位置关系调整到合适位置处（单击"导航工作条"中的【微调距离】→输入距离数值，按<Enter>键，再用<Shift>+<←、↑、↓、→>组合键调整其相互位置关系）。

操作说明：在仿真操作过程中涉及夹具的安装，是为了软件仿真场景更贴近实际加工工况而设计的，夹具体的尺寸数值和位置关系，对仿真结果不会产生任何影响，在仿真过程中可以省略。

工件与夹具的仿真设置如图 2-1-28 所示。

1.4.2　仿真工艺参数设置

1. 设置机床

在"导航工作条"中单击【加工】图标按钮 ，进入加工仿真界面。在【任务向导】

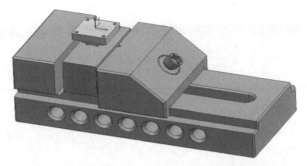

图 2-1-28　工件与夹具的仿真设置

栏中单击【机床设置】图标按钮，弹出"机床设置"对话框，设置信息如图 2-1-29 所示。然后，单击【输出设置】→"ENG 设置扩展"→【确定】按钮，具体设置情况如图 2-1-30 所示。

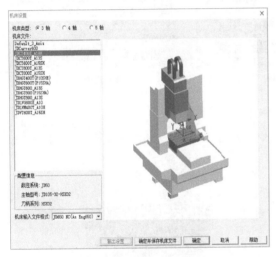

图 2-1-29　机床设置信息

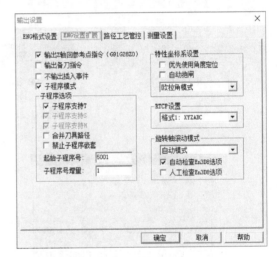

图 2-1-30　输出格式设置

2. 创建几何体

在【项目向导】功能区单击【创建几何体】图标按钮。在"导航工作条"的【编辑】区单击【工件设置】图标按钮，框选槽轮的所有结构特征；单击【毛坯设置】图标按钮，在【类型】区中，设置"类型"为"方体"，选中【自定义生成】，设置【坐标范围】；单击【夹具设置】图标按钮，在【参数设置】区单击【夹具面［O］】按钮，框选机用平口钳的所有结构特征，详细设置信息如图 2-1-31 所示。

3. 安装几何体

在【项目向导】功能区单击【安装几何体】图标按钮。在"导航工作条"中依次选择【安装方式】→【手动安装［A］】→【自动摆放［F］】→【绑定设置】→【安装位置】→【几何体定位坐标系】，详细设置信息如图 2-1-32 所示。

4. 创建刀具

在【项目向导】功能区单击【当前刀具表】图标按钮，弹出"当前刀具表"对话

a) 工件设置　　　　　　b) 毛坯设置　　　　　　c) 夹具设置

图 2-1-31　创建几何体

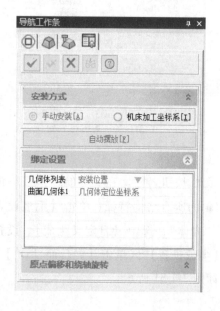

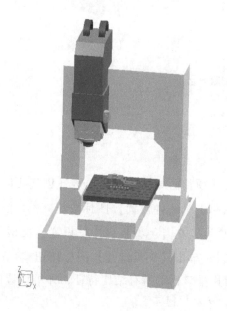

图 2-1-32　安装几何体

框，单击【从 ASM 刀具库选刀】图标按钮 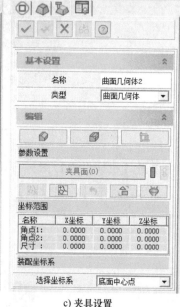，进入"刀具创建向导"，选择"平底刀"→"［平底］JD-10.00_BT30"，单击【确定】按钮。按照同样的方法，分别创建"［钻头］JD-3.00"和"［大头刀］JD-90-0.10-8.00"，创建刀具如图 2-1-33 所示。

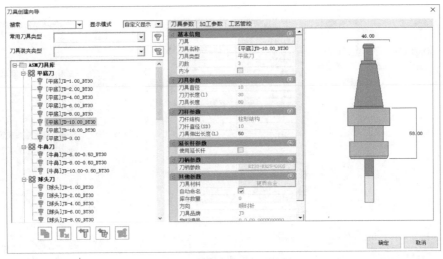

a)"刀具创建向导"对话框

b)"当前刀具表"

图 2-1-33 创建刀具

1.4.3 仿真加工

1. 创建辅助线

在"导航工作条"中单击【3D造型】图标按钮 ⬢，进入3D造型功能
模块，将"辅助线"图层置为当前图层，隐藏"机用平口钳"图层。

单击【曲线】→【曲面边界线】命令，在绘图区中拾取槽轮工件底面，按
<Enter>键。然后单击【曲线等距】命令，将底面边界线四周向外等距扩展3mm，与毛坯边
界重合，如图2-1-34所示。

2. 侧面仿真加工

（1）侧面轮廓粗加工 首先，单击"导航工作
条"中的【加工】图标按钮 ，进入仿真加工
模块。

然后，执行功能区【3轴加工】"2.5轴加工"
中的【轮廓切割】命令，弹出"刀具路径参数"对
话框，工艺信息设置如图2-1-35a所示。单击【基础
参数】→【加工图形［E］】→【加工图形】→【轮廓线】
命令，在绘图区中拾取图2-1-34所示的辅助线，设

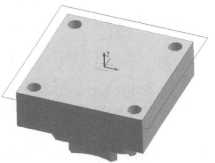

图 2-1-34 创建辅助线

槽轮底面
仿真加工

置参数如图2-1-35b所示。单击【基础参数】→【加工刀具［T］】→【几何形状】→【刀具名
称】→【［平底]JD-10.00_BT30】，结合表2-1-1进行工艺参数设置，如图2-1-35c所示。

a) 加工方案

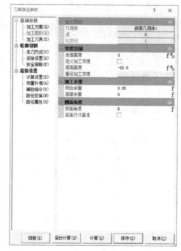
b) 加工图形

c) 加工刀具

图 2-1-35　基础参数设置

其次，执行【轮廓切割】→【走刀方式】→【偏移方向】→【向外偏移】命令，其他参数设置如图 2-1-36a 所示。执行【轮廓切割】→【进给设置】命令，参数设置如图 2-1-36b 所示。执行【轮廓切割】→【安全策略】命令，参数设置如图 2-1-36c 所示。

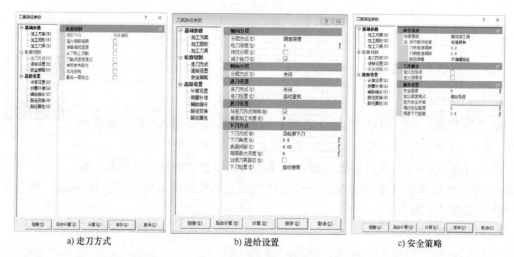

a) 走刀方式　　　　　　　　　b) 进给设置　　　　　　　　　c) 安全策略

图 2-1-36　切割参数设置

最后，轮廓切割的各项工艺参数设置完成，单击【计算（O）】按钮，提交软件仿真计算，弹出如图 2-1-37 所示的信息，单击【确定】按钮，完成仿真计算。

槽轮侧面粗加工的刀具路径，如图 2-1-38 所示。

（2）侧面轮廓精加工　在"导航工作条"的路径组中右键单击"轮廓切割-粗"，选择【拷贝】命令，双击"轮廓切割-粗"复制的路径，弹出"刀具路径参数"对话框，将【加工方案】下的【路径名称】修改为"轮廓切割-精"，如图 2-1-39a 所示；将【加工图形】的【轮廓线】修改为绘图区中槽轮底面的边界线；【加工余量】→【侧边余量】输入数字"0"，如图 2-1-39b 所示；进行【进给设置】栏的参数设置，如图 2-1-39c 所示。

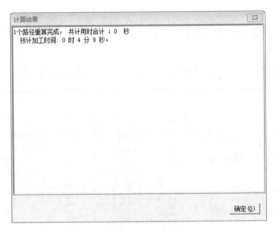

图 2-1-37 计算结果 (一)

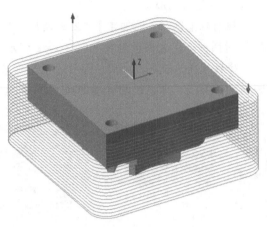

图 2-1-38 槽轮侧面粗加工刀具路径

a) 加工方案

b) 加工刀具

c) 进给设置

图 2-1-39 精加工切割参数设置

单击【计算（O）】按钮，提交软件仿真计算，弹出如图 2-1-40 所示的信息，单击【确定】按钮，完成仿真计算。槽轮侧面精加工的刀具路径如图 2-1-41 所示。

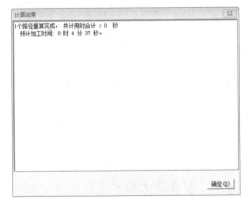

图 2-1-40 计算结果 (二)

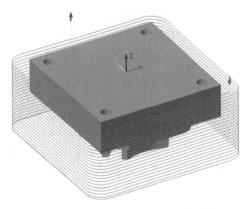

图 2-1-41 槽轮侧面精加工刀具路径

3. 平面仿真加工

执行功能区【3轴加工】"2.5轴加工"中的【区域加工】命令，弹出"刀具路径参数"对话框，工艺参数设置如图2-1-42所示。

操作说明：在图2-1-42b所示的工艺参数设置中，【轮廓线】需要在绘图区中拾取毛坯底面的边界线，即已绘制的辅助线。

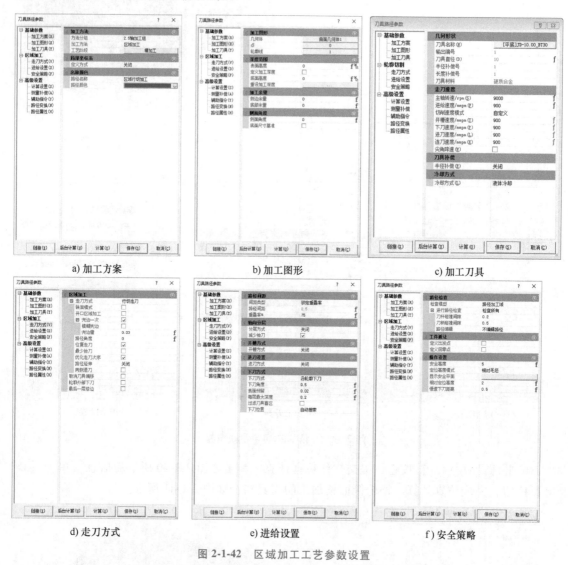

a) 加工方案   b) 加工图形   c) 加工刀具

d) 走刀方式   e) 进给设置   f) 安全策略

图 2-1-42　区域加工工艺参数设置

最后，单击【计算（O）】按钮，提交软件仿真计算，得到槽轮底面精加工的刀具路径，如图2-1-43所示。

4. 钻孔仿真加工

（1）孔的粗加工　执行功能区【3轴加工】"2.5轴加工"中的【轮廓切割】命令，弹出"刀具路径参数"对话框，工艺参数设置如图2-1-44所示。

操作说明：在【加工图形】的【轮廓线】设置中，需要依次拾取底面上4个圆形轮廓线。

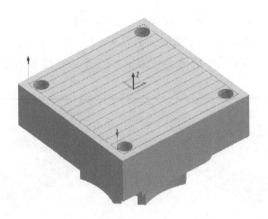

图 2-1-43 槽轮底面精加工刀具路径

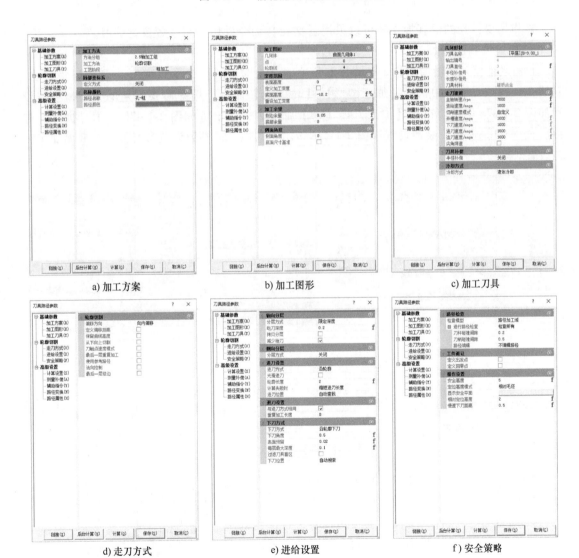

a) 加工方案　　　　　　　　b) 加工图形　　　　　　　　c) 加工刀具

d) 走刀方式　　　　　　　　e) 进给设置　　　　　　　　f) 安全策略

图 2-1-44 孔的粗加工工艺参数设置

各项加工工艺参数设置完成后提交软件计算，得到如图 2-1-45 所示的刀具路径。

（2）孔的精加工　孔的精加工与粗加工方法一样，唯一区别是要将"加工余量"中的"侧边余量"修改为"0"，故不再赘述。孔的精加工刀具路径如图 2-1-46 所示。

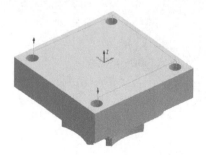

图 2-1-45　孔的粗加工刀具路径

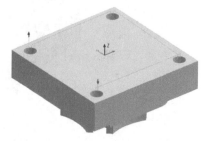

图 2-1-46　孔的精加工刀具路径

操作拓展：孔的仿真加工还可以采用【钻孔】命令操作，请读者自行练习。

5. 棱边倒角仿真加工

执行功能区【3 轴加工】"2.5 轴加工"中的【轮廓切割】命令，弹出"刀具路径参数"对话框。在该对话框中执行【加工图形】→【轮廓线】命令，选择需要倒角的棱线，参数设置如图 2-1-47a 所示。执行【加工刀具（T）】命令，参数设置如图 2-1-47b 所示。执行【进给设置（D）】命令，参数设置如图 2-1-47c 所示。其他工艺参数设置参考侧面和底面加工工艺设置。

a）加工图形　　　　b）加工刀具　　　　c）进给设置

图 2-1-47　倒角加工的参数设置

提交软件计算，得到如图 2-1-48 所示的棱边倒角加工刀具路径。

操作说明：当工件三维模型的棱边没有进行倒角处理时，倒角仿真加工的结果会提示有过切的危险。此时，可不必修改，只需在"刀具路径参数"对话框的【安全策略】中设置不检查过切即可解决。

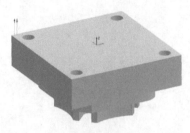

图 2-1-48　棱边倒角加工刀具路径

1.4.4　输出仿真结果

1. 机床模拟

在"导航工作条"的路径组中单击"轮廓切割-粗"路径，再在【项目向导】的"仿真分析"功能区单击【机床模拟】图标按钮 ，进入"机床模拟"界面。然后单击【播放】图标按钮 ▷ ，开始仿真加工，如图 2-1-49 所示。

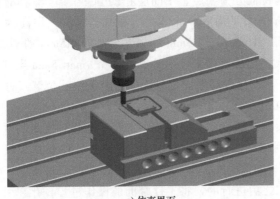

a) 仿真界面

b) NC代码

图 2-1-49　机床仿真加工

仿真完成后，按<Enter>键或单击 ✓ 图标按钮，退出仿真加工。

2. 输出路径

在"导航工作条"的路径组中选择所有路径，单击右键选择【输出路径】命令，弹出"输出路径（后置处理）"对话框，进行输出信息设置，如图 2-1-50 所示。然后在工作目录中生成一个"槽轮（底面）-3D.NC"文件，将该文件导入数控机床中，即可将槽轮实物加工出来。

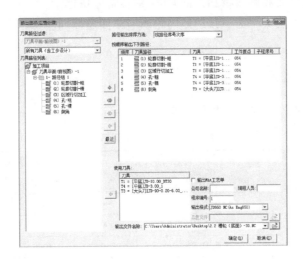

图 2-1-50　"输出路径（后置处理）"对话框

任务 1.5　槽轮正面工艺分析

1.5.1　正面加工工艺分析

槽轮正面轮廓的结构特征相对底面的结构特征要复杂得多，有台阶面、槽型面、螺纹线和圆弧曲面等几何特征，并且正面结构特征分为底层、中间层和顶层三个部分。其详细结构特征信息：底层由边长为 40mm×40mm 的大平面和 4 个 M4 的螺纹孔构成，层高为 10mm；中间层由边长为 30mm×30mm 的大平面，对角 2 个 C5mm 的倒角和 2 个 R5mm 的圆弧构成，层高为 5mm；顶层是在 26mm×26mm 大平面的基础上，对称开设 4 个 4mm×5mm 半圆形的开口槽和 4 个 R17mm 的圆弧，层高为 5mm。在底层平面上 4 个 M4 的螺纹孔位置尺寸公差为 0.06mm，中间层两侧面的尺寸公差为 0.1mm。

槽轮正面结构特征的尺寸精度、表面粗糙度和几何公差等级是工艺设计质量的重要体现方式。因此在加工工艺规划过程中，对槽轮每层轮廓结构特征的工艺设计要具有较高的关联性。

另外，槽轮正面加工是在底面加工之后进行的，将工件翻面的操作过程，存在引入新误差的可能。为了减小这个问题的影响，加工工艺设计要符合相关工艺尺寸的"基准统一"或"基准重合"原则。

1.5.2　正面加工方案分析

对槽轮正面加工方案的分析，可参考底面加工工艺方案的分析方法，相同内容不再赘述。

加工设备：与底面加工在同一台机床上，如 JDCT400E-A10H 型机床。

装夹形式：机用平口钳。

加工刀具：无涂层的平底刀、螺纹铣刀和大头刀 4 种刀具。

毛坯类型：经过底面和侧面精加工的 6061 铝合金方块体。

加工方法：按照顶层大平面→顶层侧向轮廓→中间层侧向轮廓→螺纹孔加工的工艺顺序进行加工。

1.5.3　正面加工工艺卡

根据上述加工工艺方案分析，得出槽轮正面加工工艺卡，见表 2-1-2。

表 2-1-2　槽轮正面加工工艺卡

序号	工步内容	刀具名称	主轴转速 /(r/min)	进给速度 /(mm/min)	吃刀深度 /mm	路径间距 /mm
1	顶层大平面粗加工	平底刀 JD-10.00	7000	1000	0.3	2
2	顶层大平面精加工	平底刀 JD-10.00	9000	900	0.01	1
3	顶层侧面粗加工	平底刀 JD-3.00	7000	1000	0.3	2
4	顶层侧面精加工	平底刀 JD-3.00	9000	900	0.01	1

（续）

序号	工步内容	刀具名称	主轴转速/(r/min)	进给速度/(mm/min)	吃刀深度/mm	路径间距/mm
5	尺寸检测	游标卡尺	—	—	—	—
6	中间层侧面粗加工	平底刀 JD-6.00	7000	1000	0.3	2
7	中间层侧面精加工	平底刀 JD-6.00	9000	900	0.01	1
8	尺寸检测	游标卡尺	—	—	—	—
9	精加工孔	平底刀 JD-3.00	10000	1000	0.01	1
10	粗铣螺纹	螺纹铣刀 JD-3.00-0.70-1	9000	1000	0.1	1
11	精铣螺纹	螺纹铣刀 JD-3.00-0.70-1	12000	900	0.01	1
12	尺寸检测	游标卡尺、螺纹量规	—	—	—	—
13	棱边倒角	大头刀 JD-90-0.1	10000	1000	0.1	—

1.5.4　正面装夹方案分析

槽轮正面仿真加工的装夹方式如图 2-1-51 所示。毛坯的四周侧面和底面已进行过精加工处理，且工件坐标系原点在底面的形心位置处。正面加工与底面加工的坐标系重合，符合工艺要求中的"基准统一"原则。但是，当仿真加工完成后，在机床上真实加工之前，需要准确地对刀。

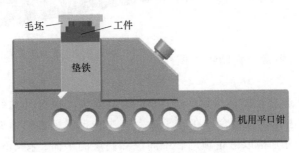

图 2-1-51　槽轮正面仿真加工的装夹方式

任务 1.6　槽轮正面仿真加工编程

槽轮正面
加工准备

1.6.1　仿真加工准备

1. 新建任务

打开 JDSoft-SurfMill 9.5 软件，新建一个空白任务窗口，然后进入 3D 造型功能模块。

2. 导入模型

（1）工件模型　单击【文件】→【打开】按钮，将建立的"槽轮正面加工.escam"三维模型的特征信息读入软件中。

（2）夹具模型　单击【文件】→【输入】→【三维曲线曲面】按钮，将"机用平口钳.iges"三维模型的特征信息读入软件中。

3. 设置图层

单击【图层】→【新建】按钮，分别建立名称为"槽轮""机用平口钳"和"辅助线"的3个图层，然后在绘图区中框选槽轮三维模型的所有图形要素，再在图层列表的"名称"栏中名称为"槽轮"的图层上单击右键，选择【移动对象到图层（M）】命令，将所拾取的图形要素移动到选定的图层中。

采用同样的方式，将机用平口钳三维模型的图形要素移动到"机用平口钳"图层中，然后将"机用平口钳"隐藏。

4. 设置坐标系

（1）工件坐标系设置 根据工艺分析，将槽轮正面加工的工件坐标系原点设置在底面的形心位置处。

（2）工件与夹具安装 在3D造型功能模块中单击"机用平口钳"图层，将机用平口钳的三维模型显示出来。再根据"槽轮"和"机用平口钳"的实际位置进行调整，将工件和夹具调整到合适位置。

操作说明：在仿真操作过程中涉及夹具体的安装，是为了使软件仿真场景更贴近实际加工工况而设计，夹具体的尺寸数值和位置关系对仿真结果不会产生任何影响，在仿真过程中可以省略。

工件与夹具体的设置情况如图2-1-52所示。

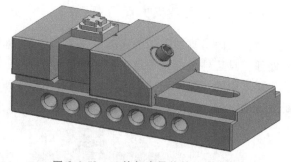

图 2-1-52　工件与夹具体的仿真设置

5. 创建辅助线

首先，在图层列表中将"辅助线"图层设置为当前图层。

然后，单击【3D造型】图标按钮，进入3D造型模块。执行【曲线】命令下"派生曲线"功能区的【曲面边界线】命令，在"子命令"中选择【曲面组边界线［S］】→【拾取曲面［Q］】，在绘图区中分别拾取槽轮顶层、中间层和底层的平面，按<Enter>键，完成边界线提取。

再执行【曲线】命令下"曲线编辑"功能区的【曲面等距】命令，将提取的底层边界线向外等距扩展3mm。接下来，将等距后的边界线沿+Z方向平移16mm，完成毛坯边界线的创建。创建的辅助线如图2-1-53所示。

1.6.2　仿真工艺参数设置

1. 设置机床

在"导航工作条"中单击【加工】按钮，进入加工界面。在【项目向导】功能区单击【机床设置】按钮，在弹出的"机床设置"对话框中选择 JDCT400E-A10H 型号的机床。然后，单击【输出设置】→"ENG 设置扩展"→"子程序模式"→"子程序支持 T"→【确定】按钮，具体设置

图 2-1-53　辅助线的创建

情况与槽轮底面加工的设置一致。

2. 创建几何体

在【项目向导】功能区单击【创建几何体】图标按钮，在"导航工作条"中单击【编辑】→【工件设置】图标按钮，框选槽轮的所有结构特征；单击【毛坯设置】图标按钮，依次选择【类型】→【方体】→【自定义生成】→【坐标范围】；单击【夹具设置】图标按钮，依次选择【参数设置】→【夹具面〔O〕】，框选机用平口钳的所有结构特征。详细设置过程参考槽轮底面加工设置。

操作说明：在软件中"自定义生成"的"方体"毛坯，其底面和侧面已经过精加工处理，X 轴和 Y 轴正负方向的尺寸均与工件尺寸相等，高度方向（Z 轴）的尺寸没有经过加工。高度方向的尺寸应与槽轮底面加工时设置的毛坯尺寸相等。

3. 安装几何体

在【项目向导】功能区单击【安装几何体】图标按钮。在"导航工作条"中单击【安装方式】→【手动安装〔A〕】→【自动摆放〔F〕】→【绑定设置】→【安装位置】→【几何体定位坐标系】，详细设置过程参考槽轮底面加工设置。

4. 创建刀具

根据表 2-1-2 槽轮正面加工工艺卡，创建本次加工所需的刀具。

在【项目向导】功能区，单击【当前刀具表】图标按钮，弹出"当前刀具表"对话框，单击【从 ASM 刀具库选刀】图标按钮，选择【刀具创建向导】→【平底刀】→【〔平底〕JD-10.00_BT30】，单击【确定】按钮。按照同样的方式，分别创建"〔平底〕JD-6.00_BT30""〔平底〕JD-3.00""〔螺纹铣刀〕JD-3.00-0.70-1"和"〔大头刀〕JD-90-0.10-8.00"型号的刀具，如图 2-1-54 所示。详细设置过程参考槽轮底面加工刀具的设置。

	刀具名称	刀柄	输出编号	长度补偿号	半径补偿号	备刀	加锁	使用次数	刀具伸出长度	刀组号	刀组使用T/H/D值
	〔平底〕JD-10.00_BT30	BT30-ER25-060S	1	1	1			0	50	—	—
	〔平底〕JD-6.00_BT30	BT30-ER25-060S	2	2	2			0	35	—	—
	〔平底〕JD-3.00	BT30-ER25-060S	3	3	3			0	35	—	—
	〔大头刀〕JD-90-0.10-6.00	BT30-ER25-060S	4	4	4			0	21.975	—	—
	〔螺纹铣刀〕JD-3.00-0.70-1	BT30-ER25-060S	5	5	5			0	15.85	—	—

图 2-1-54　当前刀具表

1.6.3　仿真加工

1. 顶层大平面粗加工

执行【3 轴加工】功能区"2.5 轴加工"中的【区域加工】命令，弹出"刀具路径参数"对话框，详细设置信息如图 2-1-55 所示。

槽轮正面
加工仿真

各项工艺参数设置完成后，提交计算，得到如图 2-1-56a 所示的刀具路径。

操作说明：设置【加工图形（E）】命令中的"轮廓线"时，要拾取"辅助线"图层中顶层毛坯面的边界线。

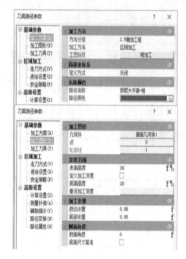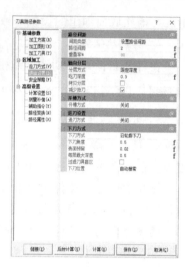

图 2-1-55　刀具路径参数设置

2. 顶层大平面精加工

槽轮顶层大平面精加工的操作过程与粗加工操作过程一样。在"路径组"中复制粗加工的刀具路径，再在"刀具路径参数"对话框中修改相应选项。设置【加工图形（E）】中的"表面高度"为"20"，"侧边余量"和"底部余量"均为"0"。设置【加工刀具（T）】中的"主轴转速"为"9000"，"进给速度"为"900"。设置【进给设置（D）】中的"路径间距"为"1"，"吃刀深度"为"0.01"。其他项参数设置保持不变，仿真计算结果如图 2-1-56b 所示。

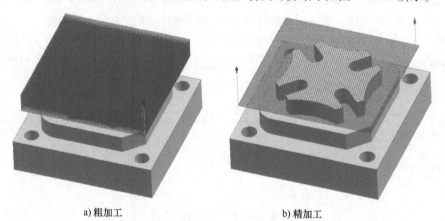

a) 粗加工　　　　　　　　　　　b) 精加工

图 2-1-56　顶层大平面仿真加工的刀具路径

3. 顶层侧面粗加工

首先，在槽轮顶层同一高度处创建如图 2-1-57 所示的辅助线，其中矩形辅助线是毛坯的边界线。

执行【3 轴加工】功能区"2.5 轴加工"中的【区域切割】命令，弹出"刀具路径参数"对话框，详细设置信息如图 2-1-58 所示。

各项工艺参数设置完成后提交计算，得到如图 2-1-59a 所示的刀具路径。

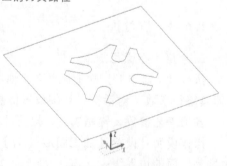

图 2-1-57　辅助线

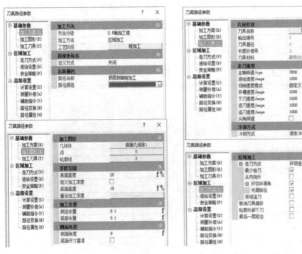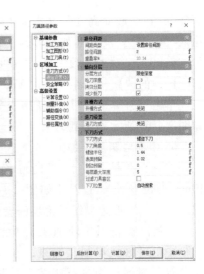

图 2-1-58 刀具参数设置

4. 顶层侧面精加工

在"刀路组"中复制顶层侧面粗加工的刀具路径，再右击该刀具路径名称，将其"重命名"为"顶层侧面精加工"。设置【加工图形（E）】中的"侧边余量"和"底部余量"均为"0"。在【进给设置】中将【轴向分层】中的"分层方式"选择为"关闭"。其他项参数的设置按照"顶层侧面精加工工艺卡"的数值进行修改，其仿真计算结果如图 2-1-59b 所示。

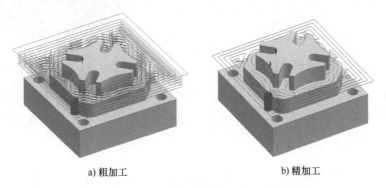

a) 粗加工   b) 精加工

图 2-1-59 顶层侧面仿真加工的刀具路径

5. 中间层侧面粗加工

首先，在槽轮中间层的顶面（高度方向为 15mm 的位置处）创建如图 2-1-60 所示的辅助线。其中，矩形边界线是毛坯的轮廓界线。

然后，执行【3 轴加工】功能区"2.5 轴加工"中的【区域切割】命令，弹出"刀具路径参数"对话框。在【加工方案（R）】的"路径名称"中输入"中间层面粗加工"。在【加工图形（E）】的"轮廓线"中单击，拾取如图 2-1-60 所示的辅助线，在"表面高度"文本框中输入"15"，取消勾选"定义加工

图 2-1-60 中间层顶面辅助线

深度"，在"底面高度"文本框中输入"10"，在"侧边余量"和"底部余量"文本框中均输入"0.05"。设置【加工刀具（T）】中的"刀具名称"为"［平底］JD-6"，"主轴转速"为"7000"，"进给速度"为"1000"，【走刀方式（V）】为"环切走刀"。设置【进给设置（D）】中的"路径间距"为"2"，"吃刀深度"为"0.3"，"每层最大深度"为"0.5"。

单击【计算（O）】按钮提交软件计算，得到如图 2-1-61 所示的仿真结果。

6. 中间层侧面精加工

首先，在槽轮中间层的底面（高度方向为10mm的位置处）上创建如图 2-1-62 所示的辅助线。其中，矩形边界线是毛坯的轮廓线。

然后，执行【3 轴加工】功能区"2.5 轴加工"中的【区域切割】命令，在弹出的"刀具路径参数"对话框中进行工艺参数设置，设置方式不再赘述。

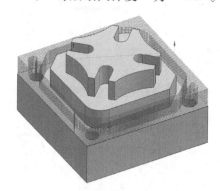

图 2-1-61 中间层侧面粗加工刀具路径

最后，单击【计算（O）】按钮提交软件计算，得到如图 2-1-63 所示的仿真结果。

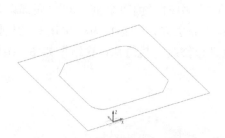

图 2-1-62 中间层底面辅助线

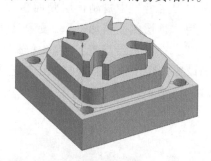

图 2-1-63 中间层侧面精加工刀具路径

操作说明：在本次精加工过程中，"轮廓线"修改为图 2-1-62 所示的辅助线，"表面高度"设置为"10"，"侧边余量"和"底部余量"均设置为"0"。其他参数按照工艺卡设置。

7. 精加工孔

槽轮底层平面上的 4 个孔，在槽轮底面加工时就已经加工出来了。在之后的正面加工过程中，由于去除的材料量较大，孔在切削力和切削热的共同作用下，可能会产生一定的微量变形。因此，在孔中铣螺纹之前，需要对这 4 个孔再进行一次精加工来修正外形。

采用"轮廓切割"命令对孔进行精加工，加工流程参考前文对应内容，不再赘述。

8. 粗铣螺纹

首先，在图层列表中创建名称为"铣螺纹-辅助线"的图层，并将其设置为当前图层。同时，创建如图 2-1-64 所示圆和圆心点的辅助线。

然后，执行【3 轴加工】功能区"2.5 轴加工"中的【铣螺纹】命令，在弹出的"刀具路径参数"对话框中进行工艺参数设置，如图 2-1-65 所示。

图 2-1-64 创建铣螺纹
加工辅助线

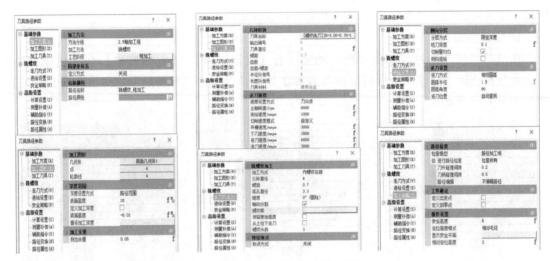

图 2-1-65　铣螺纹粗加工的工艺参数设置

最后，单击【计算（O）】按钮提交软件计算，得到如图 2-1-66 所示的仿真结果。

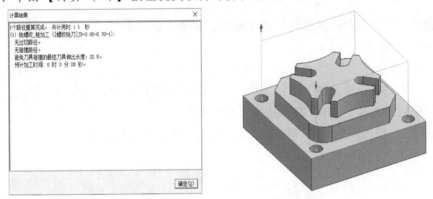

图 2-1-66　铣螺纹粗加工的刀具路径

9. 精铣螺纹

螺纹的精铣与粗铣的"刀具路径参数"设置过程相同，可直接复制粗铣螺纹的刀具路径，再进行小范围调整即可。

在"刀路组"中复制名称为"铣螺纹_粗加工"的刀具路径，再右击该刀具路径，将其"重命名"为"铣螺纹_精加工"。然后双击"铣螺纹_精加工"的刀具路径，弹出"刀具路径参数"对话框，设置【加工图形】中的"侧边余量"为"0"。

单击【计算（O）】按钮提交软件计算，完成螺纹的精加工。

10. 棱边倒角

执行功能区【3 轴加工】"2.5 轴加工"中的【轮廓切割】命令，在弹出的"刀具路径参数"对话框中设置加工工艺参数。设置过程参考槽轮底面加工的相应操作方法，不再赘述。

1.6.4　输出仿真结果

在 JDSoft-SurfMill 软件中，仿真结果输出主要功能命令包括线框模拟、实体模拟和机床模拟三个部分的加工动画模拟，以及刀具路径数据输出，如 NC 程序等。

1. 仿真模拟加工

在【项目向导】的"仿真分析"功能区有【线框模拟】、【实体模拟】和【机床模拟】等仿真分析功能。以槽轮中间层面的仿真加工为例，以上述三种模拟方式得出的仿真加工动画如图 2-1-67 所示。

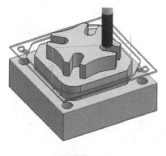 

a) 线框模拟　　　　　　　　b) 实体模拟　　　　　　　　c) 机床模拟

图 2-1-67　仿真加工动画

操作说明：上述三种仿真分析的操作流程，请读者自行练习。

2. 输出加工路径

在"导航工作条"中选择所有的刀具路径，选择【输出路径】命令，弹出"输出路径（后置处理）"对话框，设置输出路径条件后，单击【确定】按钮，完成路径输出，并得到一个名称为"槽轮正面加工.NC"的数控加工程序文件。

操作说明："输出加工路径"相应的其他功能，请读者自行练习。

任 务 小 结

1）本任务介绍了槽轮工件的仿真加工工艺分析和工艺设计的方法和步骤，在此基础上建立了工件的三维模型。另外，学生经过本任务基本知识的学习，具有了根据工件的结构特征制定合适的加工工艺的能力。

2）以槽轮加工为载体，通过仿真加工熟悉外形结构较为简单的几何体的平面加工、台阶面加工、钻孔加工、铣螺纹加工和棱边倒角加工等几种常用的加工要求，并能够设计加工工艺方案。

3）通过槽轮的正反面加工，掌握软件中"区域切割""轮廓切割"和"铣螺纹"等功能指令工艺参数的设置方法、操作流程和注意事项。

4）熟悉利用仿真软件对仿真结果进行分析处理的方法，以及将仿真结果导出等的操作方法和步骤。

思 考 题

(1) 讨论题

1）根据方体类工件的特征，思考对该类工件的正反两面进行加工时，应先加工哪一面，理由是什么。

2）在槽轮的仿真加工过程中，思考其工艺规划方法和工艺参数设置流程。

3）在槽轮的三维建模过程中，讨论 JDSoft-SurfMill 软件与其他三维建模软件在建模时的异同点有哪些。

4）在槽轮底面的加工过程中，简述先面后孔和先孔后面的加工次序的编排方式对槽轮加工质量的影响。

5）在槽轮正、反面加工工艺仿真过程中，用到 SurfMill 软件 2.5 轴加工功能中的哪几种？它们是怎样影响工件的加工质量的？

6）采用"曲线等距"命令绘制的平行线，其输入的距离数值表示是这两条平行线的公垂线段的长度值吗？请举例说明。

7）槽轮底面上孔特征的加工方法通常有哪些？其加工顺序怎样编排？请阐述孔加工工艺编排的基本原则。

8）在槽轮中间层的加工仿真过程中，采用"轮廓切割"命令粗加工时应将侧向分层打开，在精加工时应关闭该项设置。请简述其中的原因。

9）在槽轮正、反面加工准备阶段，工件毛坯在 Z 轴（高度方向）上的加工余量一定要与底面加工时的毛坯余量对应，为什么？

10）在槽轮的顶面加工仿真时，其外形轮廓曲线的曲率最小区域加工，决定了选用加工刀具的最大直径范围，请说明其中的原因。

（2）选择题

1）在槽轮加工工艺分析的过程中，根据槽轮的外形结构特征，选择下列（　　）毛坯比较合适。

A. 型钢　　　　　B. 板材　　　　　C. 块体　　　　　D. 棒料

2）在槽轮三维建模过程中，根据槽轮的外形结构特征，其建模次序是（　　）方式比较合理。

A. 自底向顶　　　B. 自顶向底　　　C. 以上均可

3）槽轮底面加工中，工件坐标系的原点应建在工件的（　　）最合理。

A. 顶面形心上　　B. 底面形心上　　C. 都可以

4）槽轮的正、反面加工仿真，若在同一个文件中完成，需要建立（　　）个毛坯的几何体。

A. 1　　　　　　　B. 2　　　　　　　C. 3　　　　　　　D. 4

5）在铣削槽轮底面的大平面时，选用（　　）能提高加工效率，同时还能保证加工质量。

A. 大头刀　　　　　　　　　　　B. ϕ4mm 平底刀

C. ϕmm10 平底刀　　　　　　　D. 牛鼻刀

6）槽轮正面加工中，其定位基准的选择要符合（　　）原则。

A. 基准重合　　　B. 基准统一　　　C. 自为基准　　　D. 互为基准

7）在槽轮正、反面仿真加工中，能影响工件最终加工质量的因素主要有（　　）。

A. 工件材料　　　B. 刀具材料　　　C. 工艺方式　　　D. 以上均是

8）在槽轮正、反面仿真加工中，用到 SurfMill 软件 2.5 轴加工的方法主要有（　　）。

A. 区域加工　　　B. 轮廓切割　　　C. 曲面清根　　　D. 单线切割

9）根据工艺分析，槽轮底面 4 个螺纹孔的加工应编排在铣削正面（　　）。

A. 之前　　　　　B. 中间　　　　　C. 之后　　　　　D. 任意阶段

10）在进行槽轮正、反面加工工艺设置时，因槽轮底面（　　）的原因，应先加工底面后加工正面。

A. 结构简单　　　B. 加工基准　　　C. 装卸便利　　　D. 定位原则

创意直尺仿真加工

知识点介绍

通过本任务，掌握路径变化的方法，并能够熟练使用单线切割、轮廓切割、区域加工等编程方法。

能力目标要求

1）能读懂零件图，并提取加工要求。

2）会编写工艺文件，会选择合适的设备、工具、参数等。

3）掌握加工平台的设置方法，包括机床、刀柄、刀具、毛坯、夹具、几何体等。

4）理解并掌握2.5轴加工程序的编写方法，包括单线切割、轮廓切割、区域加工。

5）理解并掌握碰撞检查、干涉检查、最小装刀长度计算的方法。

6）学会运用线框、实体模拟功能对加工路径进行分析和优化。

7）学会根据数控系统正确选择后处理配置文件，并进行刀具路径的后处理。

任务2.1 任务分析

工艺分析

2.1.1 工艺分析

创意直尺图样如图2-2-1所示。创意直尺以轮廓、平面、孔和槽加工为主，结构较为简单，加工元素包含平面、孔、槽和刻字，适合采用3轴机床分正反两面加工。

创意直尺材料为6061变形铝合金，整体尺寸为130mm×20mm×3.3mm，结构以轮廓、平面、孔和槽特征为主，正面主要有平面、台阶面、侧壁、刻字和倒角，背面主要有平面、半圆槽和ϕ5mm孔。工件整体结构较为简单，对宽度、台阶面的高度和半圆槽的半径尺寸精度要求较高。

2.1.2 加工方案

机床设备：根据工件材质和加工要求，综合选用JDCarver600 3轴机床进行加工。

加工方法：该工件正面特征多且精度要求高，因此应先加工背面再加工正面。背面加工顺序为铣平面→铣孔→铣半圆槽。正面加工顺序为平面→底面→台阶面→沉孔→开槽→侧壁→刻字→倒角。

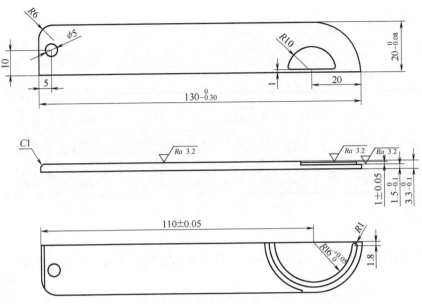

图 2-2-1　创意直尺图样

加工刀具：创意直尺材料为 6061 变形铝合金，因此选择无涂层的平底刀、大头刀和锥度平底刀进行铣削。

2.1.3　加工工艺卡

根据所提加工要求形成创意直尺加工工艺卡，见表 2-2-1。

表 2-2-1　创意直尺加工工艺卡

序号	工步内容	刀具名称	主轴转速 /(r/min)	进给速度 /(mm/min)	吃刀深度 /mm	路径间距 /mm
1	开粗	平底刀 JD-10.00	8000	4000	0.5	6
2	光面	平底刀 JD-10.00	10000	2000	—	6
3	外轮廓粗加工	平底刀 JD-4.00	15000	4000	0.4	—
4	外轮廓精加工	平底刀 JD-4.00	15000	2000	0.3	—
5	切断	平底刀 JD-4.00	15000	1500	0.3	—
6	背面开粗	平底刀 JD-10.00	8000	3000	0.4	5
7	背面光面	平底刀 JD-10.00	10000	2000	—	3
8	铣孔	平底刀 JD-4.00	12000	1500	0.3	—
9	半圆槽加工	平底刀 JD-2.00	12000	1500	0.3	1
10	正面开粗	平底刀 JD-10.00	8000	3000	0.4	5
11	正面光面	平底刀 JD-10.00	10000	2000	—	3
12	区域开粗	平底刀 JD-4.00	12000	3000	0.3	2
13	区域光底面	平底刀 JD-4.00	12000	1500	—	2
14	台阶面加工	平底刀 JD-4.00	12000	1500	0.3	—

（续）

序号	工步内容	刀具名称	主轴转速 /（r/min）	进给速度 /（mm/min）	吃刀深度 /mm	路径间距 /mm
15	侧壁开粗	平底刀 JD-4.00	12000	1500	0.3	—
16	开槽	平底刀 JD-2.00	12000	3000	0.2	—
17	光侧壁	平底刀 JD-2.00	12000	3000	0.2	—
18	倒角	大头刀 JD-90.00-0.10-4.00	12000	2000	0.3	—
19	刻字 1	锥度平底刀 JD-20-0.10	12000	1500	—	—
20	刻字 2	锥度平底刀 JD-20-0.10	12000	1500	—	—

2.1.4 装夹方案

工件为薄壁件，质量小、加工余量小，使用双面胶粘贴至夹具台面上进行精加工。

任务 2.2 数字化制造系统搭建

2.2.1 准备模型

编程加工
准备_1

打开 JDSoft-SurfMill 软件，新建空白曲面加工文档。在"导航工作条"中选择 3D 造型模块，然后选择"文件"→"输入"→"三维曲线曲面"，在打开的对话框中选择建模时保存的 .igs 格式的"创意直尺"文件。

在图层列表中将相应的图层重新命名为"尺子主体 A""尺子主体 A 下料""尺子主体 A 正面精加工""尺子主体 A 背面精加工"和"刻线"，如图 2-2-2 所示。

图层分别显示"尺子主体 A"和"尺子主体 A 下料"，利用【变换】菜单下的【图形聚中】命令调整工件背面的图形位置，如图 2-2-3 所示，设置工件坐标系 X 轴方向中心聚中、Y 轴方向中心聚中、Z 轴方向顶部聚中。

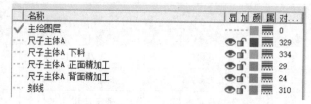

图 2-2-2 图层列表

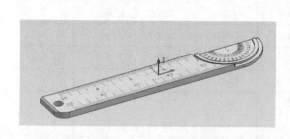

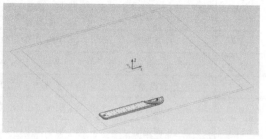

图 2-2-3 图形位置调整（一）

图层分别显示"尺子主体 A 正面精加工"和"尺子主体 A 背面精加工"，利用【变换】菜单下的【图形聚中】命令调整工件背面的图形位置，如图 2-2-4 所示，设置工件坐标系 X

轴方向中心聚中、Y轴方向中心聚中、Z轴方向底部聚中。

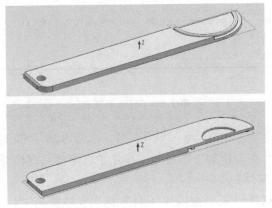

图 2-2-4 图形位置调整（二）

2.2.2 设置机床

在加工环境中双击"导航工作条"中的【机床设置】按钮，选择机床类型为"3轴"，单击机床文件，选择机床为"JDCarver600"，选择机床输入文件格式为"JD650 NC（As Eng650）"，设置完成后单击【确定】按钮退出，如图 2-2-5 所示。

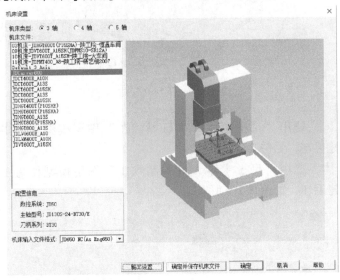

图 2-2-5 机床设置

2.2.3 创建刀具

双击左侧导航栏中的【刀具表】图标按钮 🗂️ 刀具表，依次添加需要使用的刀具。图 2-2-6 所示为本次加工所使用刀具组成的当前刀具表。

2.2.4 创建几何体

单击功能区中的【创建几何体】按钮 📷。几何体的设置分为三个部分：工件设置 ◇、

	刀具名称	刀柄	输出编号	长度补偿号	半径补偿号	备刀	加锁	使用次数	刀具伸出长度	刀组号	刀组使用T/H/D信息
	[平底]JD-4.00_BT30	BT30-ER25-060S	1	1	1		!	7	25	—	—
	[平底]JD-10.00_BT30	BT30-ER25-060S	2	2	2		!	6	32	—	—
	[平底]JD-2.00_BT30	BT30-ER25-060S	3	3	3		!	4	20	—	—
	[大头刀]JD-90.00-0.10-4.00	BT30-ER11M-60S	4	4	4		!	1	20	—	—
	[锥度平底]JD-20-0.10	BT30-ER11M-60S	5	5	5		!	2	15	—	—

图 2-2-6　当前刀具表

毛坯设置█、夹具设置█，分别代表工件几何体、毛坯几何体和夹具几何体。本工件分为"下料""背面精加工""正面精加工"三道工序加工，工件几何体分别创建"下料几何体""背面几何体""正面几何体"。

（1）下料几何体　选择"尺子主体 A 下料"图层模型作为工件几何体（按 1 块毛坯出 20 个产品排布），毛坯尺寸为 320mm×320mm×6mm，使用"轮廓线"方式创建，如图 2-2-7 所示。

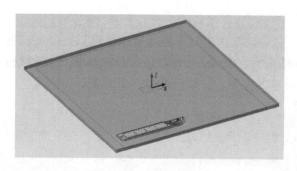

图 2-2-7　下料几何体

（2）背面几何体　选用"尺子主体 A 背面精加工"图层模型作为工件几何体，使用"轮廓线"方式创建毛坯，如图 2-2-8 所示。

（3）正面几何体　选用"尺子主体 A 正面精加工"图层模型作为工件几何体，使用"轮廓线"方式创建毛坯，如图 2-2-9 所示。

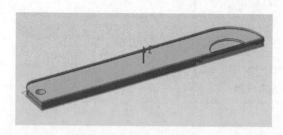

图 2-2-8　背面几何体

图 2-2-9　正面几何体

2.2.5　安装几何体

单击功能区中的【几何体安装】安装几何体按钮█，选择"几何体定位坐标系"进行几何体安装，沿 Z 向平移 100mm，如图 2-2-10 所示。

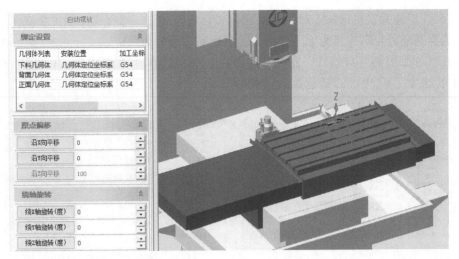

图 2-2-10　安装几何体

任务 2.3　仿真加工编程

2.3.1　创建辅助线面

根据加工方法，分析所需要的辅助线面，创建创意直尺模型加工所需要的轮廓线（模型中已经创建好，可直接使用），如图 2-2-11 所示。

图 2-2-11　辅助轮廓线

2.3.2　下料编程

1. 开粗

在图层列表中显示"尺子主体 A 下料"图层并隐藏其他图层。在加工模块中选择【项目向导】→【加工向导】，然后在"导航工作条"中选择【2.5轴路径】→【区域加工】→【确定】。

在弹出的"刀具路径参数"对话框中设置加工图形、刀具名称、主轴转速、进给速度、路径间距、轴向分层、下刀方式、走刀速度等参数，如图 2-2-12 所示。

下料

操作提示：

1）在"加工图形"对话框的"深度范围"选项组中，设置表面高度为"6"，底面高度为"5.5",对应的在机床加工时用试切法定义合适的 Z 值,确保平面加工完全。

2)选择毛坯外轮廓线作为加工轮廓线,设置底部余量为"0.2"。

3)在"加工刀具"对话框中,"刀具名称"选项选择［平底］JD-10.00_BT30 刀具,设置主轴转速为"8000",进给速度为"4000"。

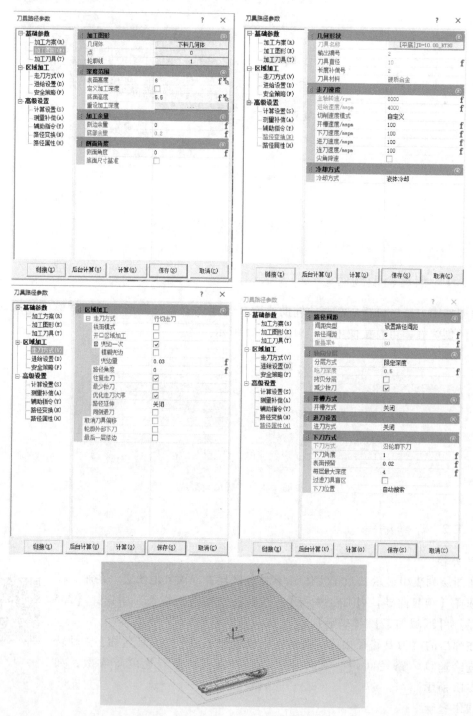

图 2-2-12 "开粗"刀具路径参数设置

4）在"走刀方式"对话框中，"走刀方式"选择行切走刀。

5）在"进给设置"对话框中，"路径间距"设置重叠率为"50%"，"吃刀深度"设置为"0.5"，"下刀方式"选择沿轮廓下刀。

2. 光面

1）复制路径"开粗"，进入刀具路径参数界面。

2）加工图形：底部余量改为"0"。

3）加工刀具：主轴转速改为"10000"，进给速度改为"2000"。

4）进给设置：轴向分层方式改为"关闭"，下刀方式改为"竖直下刀"。

5）单击【计算】按钮，计算完成后弹出当前路径计算结果。

6）修改路径名称为"光面"。

3. 外轮廓粗加工

单击工件外轮廓线，加工过程与区域加工相同，但在【2.5轴路径】中须选择【轮廓切割】。

在"刀具路径参数"对话框中设置加工范围、刀具、转速、进给、轴向分层、进刀方式、退刀方式、下刀方式、走刀速度等参数，偏移方向设置为向外偏移。设置完成后生成刀具路径参数，如图2-2-13所示。

4. 外轮廓精加工

1）复制路径"外轮廓粗加工"，进入刀具路径参数界面。

2）加工图形：侧边余量改为"0"。

3）加工刀具：进给速度改为"2000"。

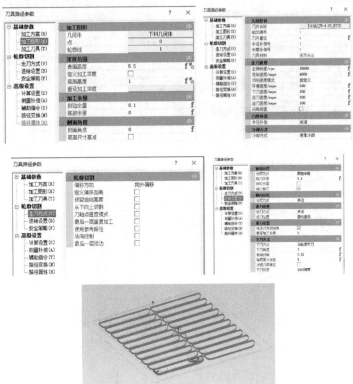

图2-2-13　"外轮廓粗加工"刀具路径参数设置

4）单击【计算】按钮，计算完成后弹出当前路径计算结果。

5）修改路径名称为"外轮廓精加工"。

5. 切断

1）复制路径"外轮廓精加工"，进入刀具路径参数界面。

2）加工图形：修改深度范围和加工余量，如图 2-2-14 所示。

3）加工刀具：进给速度改为"1500"。

4）单击【计算】按钮，计算完成后弹出当前路径计算结果。

5）修改路径名称为"切断"。

2.3.3 背面加工编程

1. 背面开粗

在图层列表中显示"尺子主体 A 背面"图层并隐藏其他图层。在加工模块中选择【项目向导】→【加工向导】，然后在"导航工作条"中选择【2.5 轴路径】→【区域加工】→【确定】。

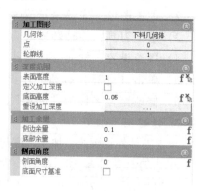

图 2-2-14 "切断"刀具
路径参数设置

在弹出的"刀具路径参数"对话框中设置加工图形、刀具名称、主轴转速、进给速度、路径间距、轴向分层、下刀方式、走刀速度等参数，如图 2-2-15 所示。

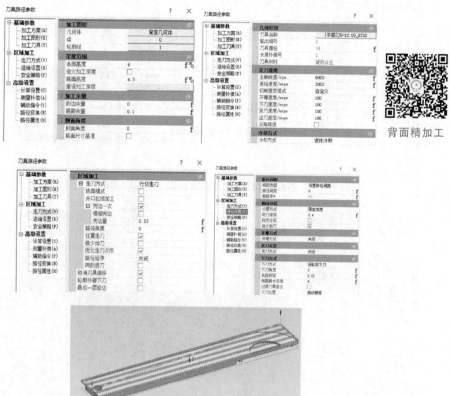

图 2-2-15 "背面开粗"刀具路径参数设置

2. 背面光面

1）复制路径"背面开粗"，进入刀具路径参数界面。

2）加工图形：底部余量改为"0"。

3）加工刀具：主轴转速改为"10000"，进给速度改为"2000"。

4）进给设置：路径间距改为"3"，下刀方式改为"竖直下刀"。

5）修改路径名称为"背面光面"。

3. 铣孔

单击工件外轮廓线，加工过程与区域加工相同，但在【2.5轴路径】中须选择【轮廓切割】。

在"刀具路径参数"对话框中设置加工范围、刀具名称、主轴转速、进给速度、轴向分层、进刀方式、退刀方式、下刀方式、走刀速度等参数，偏移方向设置为向外偏移。设置完成后生成刀具路径参数，如图 2-2-16 所示。

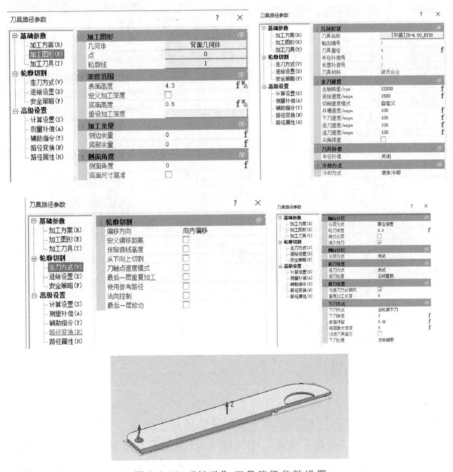

图 2-2-16　"铣孔"刀具路径参数设置

4. 半圆槽加工

在加工模块中选择【项目向导】→【加工向导】，然后在"导航工作条"中选择【2.5轴路径】→【区域加工】→【确定】。

在弹出的"刀具路径参数"对话框中设置加工图形、刀具名称、主轴转速、进给速度、路径间距、轴向分层、下刀方式、走刀速度等参数，如图 2-2-17 所示。

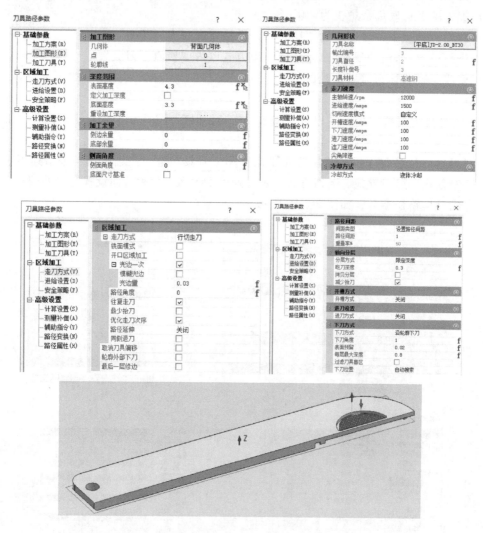

图 2-2-17　"半圆槽加工"刀具路径参数设置

2.3.4　正面加工编程

1. 正面开粗

在图层列表中显示"尺子主体 A 正面"图层并隐藏其他图层。在加工模块中选择【项目向导】→【加工向导】，然后在"导航工作条"中选择【2.5 轴路径】→【区域加工】→【确定】。

在弹出的"刀具路径参数"对话框中设置加工图形、刀具名称、主轴转速、进给速度、路径间距、轴向分层、下刀方式、走刀速度等参数，如图 2-2-18 所示。

2. 正面光面

1）复制路径"背面开粗"，进入刀具路径参数界面。

正面精加工

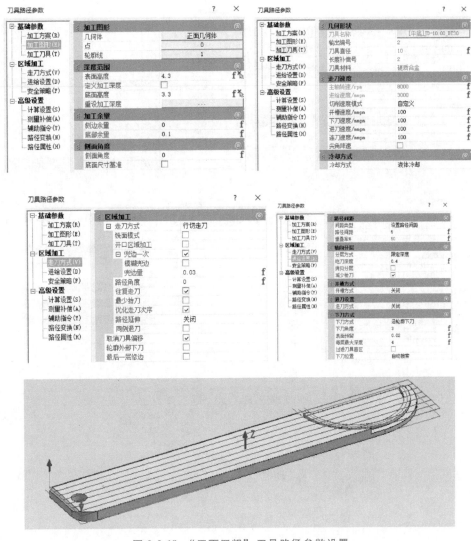

图 2-2-18 "正面开粗"刀具路径参数设置

2）加工图形：底部余量改为"0"。

3）加工刀具：主轴转速改为"10000"，进给速度改为"2000"。

4）进给设置：路径间距改为"3"，下刀方式改为"竖直下刀"。

5）单击【计算】按钮，计算完成后弹出当前路径计算结果。

6）修改路径名称为"正面光面"。

3. 区域开粗

在加工模块中选择【项目向导】→【加工向导】，然后在"导航工作条"中选择【2.5 轴路径】→【区域加工】→【确定】。

在弹出的"刀具路径参数"对话框中设置加工图形、刀具名称、主轴转速、进给速度、路径间距、轴向分层、下刀方式、走刀速度等参数，如图 2-2-19 所示。

4. 区域光底面

1）复制路径"区域开粗"，进入刀具路径参数界面。

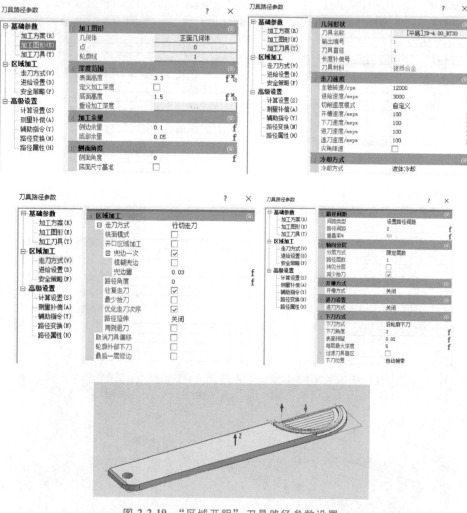

图 2-2-19 "区域开粗"刀具路径参数设置

2）加工图形：底部余量改为"0"。

3）加工刀具：主轴转速改为"12000"，进给速度改为"3000"。

4）进给设置：路径间距改为"2"，下刀方式改为"沿轮廓下刀"。

5）单击【计算】按钮，计算完成后弹出当前路径计算结果。

6）修改路径名称为"区域光底面"。

5. 台阶面加工

在【2.5轴路径】中须选择【单线切割】。

在"刀具路径参数"对话框中设置加工范围、刀具名称、主轴转速、进给速度、轴向分层、进刀方式、退刀方式、下刀方式、走刀速度等参数，完成后生成刀具路径参数，如图 2-2-20 所示。

6. 侧壁开粗

在【2.5轴路径】中须选择【单线切割】。

在"刀具路径参数"对话框中设置加工范围、刀具名称、主轴转速、进给速度、轴向

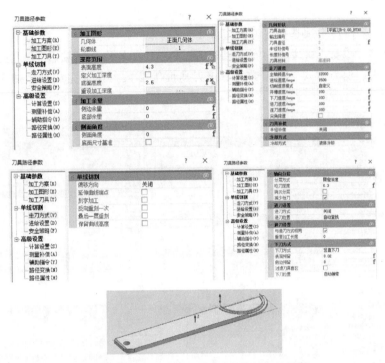

图 2-2-20 "台阶面加工"刀具路径参数设置

分层、进刀方式、退刀方式、下刀方式、走刀速度等参数，设置完成后生成刀具路径参数，如图 2-2-21 所示。

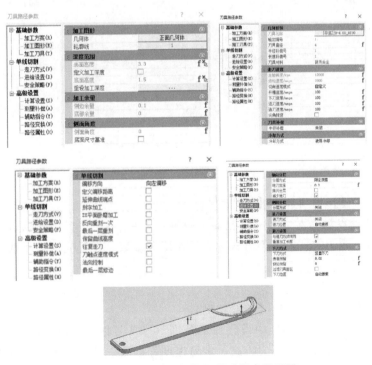

图 2-2-21 "侧壁开粗"刀具路径参数设置

7. 开槽

在【2.5轴路径】中须选择【单线切割】。

在"刀具路径参数"对话框中设置加工范围、刀具名称、主轴转速、进给速度、轴向分层、进刀方式、退刀方式、下刀方式、走刀速度等参数，设置完成后生成刀具路径参数，如图2-2-22所示。

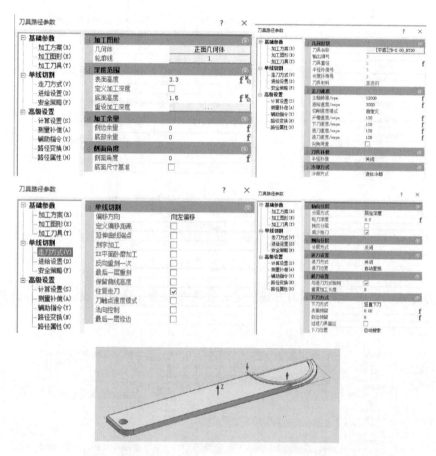

图 2-2-22 "开槽"刀具路径参数设置

8. 光侧壁

在【2.5轴路径】中须选择【单线切割】。

在"刀具路径参数"对话框中设置加工范围、刀具名称、主轴转速、进给速度、轴向分层、进刀方式、退刀方式、下刀方式、走刀速度等参数，设置完成后生成刀具路径参数，如图2-2-23所示。

9. 倒角

在【2.5轴路径】中须选择【单线切割】。

在"刀具路径参数"对话框中设置加工范围、刀具名称、主轴转速、进给速度、轴向分层、进刀方式、退刀方式、下刀方式、走刀速度等参数，设置完成后生成刀具路径参数，如图2-2-24所示。

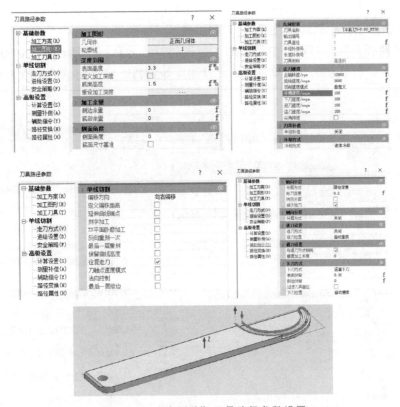

图 2-2-23　"光侧壁"刀具路径参数设置

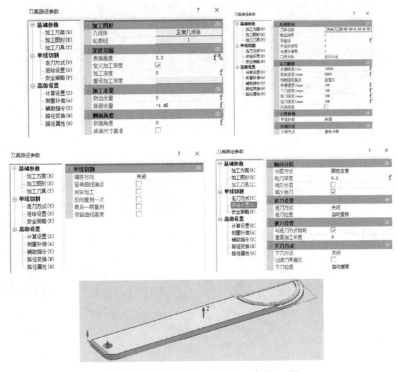

图 2-2-24　"倒角"刀具路径参数设置

10. 刻字 1

在【2.5轴路径】中须选择【单线切割】。

在"刀具路径参数"对话框中设置加工范围、刀具名称、主轴转速、进给速度、轴向分层、进刀方式、退刀方式、下刀方式、走刀速度等参数，设置完成后生成刀具路径参数，如图 2-2-25 所示。

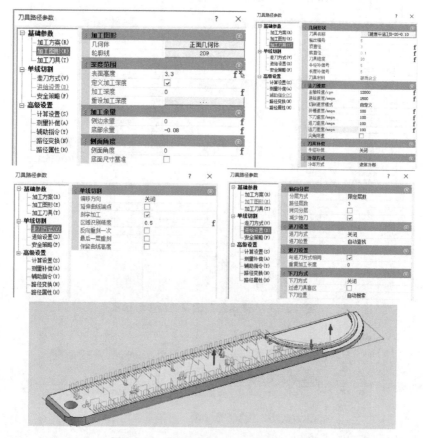

图 2-2-25　"刻字 1"刀具路径参数设置

11. 刻字 2

1）复制路径"刻字 1"，进入刀具路径参数界面。

2）对加工图形中的"轮廓线""深度范围""加工余量"等参数进行修改，其余设置不变，如图 2-2-26 与图 2-2-27 所示，完成设置后将路径重命名为"刻字 2"。

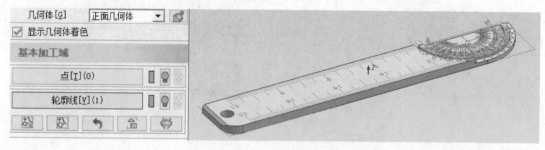

图 2-2-26　编辑加工图形

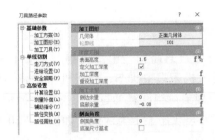

图 2-2-27　"深度范围""加工余量"等参数设置

任务 2.4　数字化验证与结果输出

模拟与输出

2.4.1　线框模拟

在加工环境下，选择所有的刀具路径，单击【项目向导】→【线框模拟】，进入线框模拟。单击【选择路径】按钮，弹出"选择路径"对话框，选择要进行线框模拟的路径，单击【确定】按钮返回，单击【开始】按钮，软件开始以线框方式显示模拟加工过程，如图 2-2-28 所示。

2.4.2　过切检查

在加工环境下，选择下料刀具路径，单击【项目向导】→【过切检查】，进入过切检查。在"导航工作条"中单击【检查模型】→【几何体】→【下料几何体】→【开始检查】，检查路径是否存在过切现象，并弹出检查结果对话框，如图 2-2-29 所示。对于背面精加工与正面精加工，按上述方法操作。

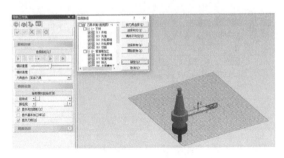

图 2-2-28　线框模拟

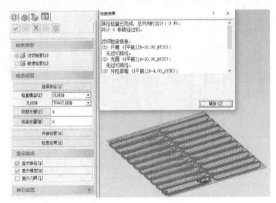

图 2-2-29　过切检查

2.4.3　碰撞检查

在加工环境下，选择下料刀具路径，单击【项目向导】→【碰撞检查】，进入碰撞检查。在"导航工作条"中单击【检查模型】→【几何体】→【下料几何体】→【开始检查】，检查刀具、刀柄等在加工过程中是否与检查模型发生碰撞，保证加工过程的安全，并在弹出的检查结果中给出不发生碰撞的最短夹刀长度，最优化备刀。

2.4.4 机床模拟

在加工环境下，选择所有的刀具路径，单击【项目向导】→【机床模拟】，在【模拟控制】菜单中单击【开始】，进入机床模拟状态，检查机床各部件与工件夹具之间是否存在干涉，以及各运动轴是否有超程现象。当路径的过切检查、碰撞检查和机床仿真都完成并正确时，"导航工作条"中的路径安全状态显示为绿色，如图 2-2-30 所示。

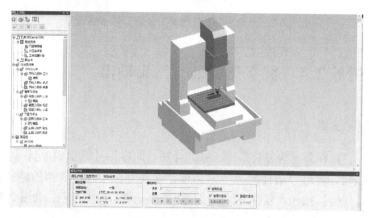

图 2-2-30 机床模拟

2.4.5 刀具路径输出

在加工环境下，选择所有的刀具路径，单击【项目向导】→【输出路径】，弹出"输出刀具路径（后置处理）"对话框，检查需输出的路径有无疏漏，输出格式选择 JD650 NC 格式，选择输出文件的名称和地址，单击【确定】按钮完成输出，弹出路径输出成功提示，如图 2-2-31 所示。

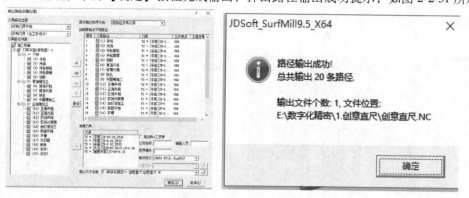

图 2-2-31 输出刀具路径

任 务 小 结

1）本任务介绍了创意直尺的仿真加工方法和步骤。经过本任务的学习，应能够根据工件特点安排加工工艺，选择并使用单线切割、轮廓切割和区域加工等常用加工方法。

2）通过熟悉以上几种常用加工方法，可自行设计任务并熟悉其他未介绍的仿真加工方法的编程，如钻孔、倒角、刻字等。

3）2.5轴加工方法在日常加工中最常用，需熟练掌握其使用方法，明确加工方法中各参数的具体含义。

思 考 题

（1）讨论题

1）创意直尺正、反两面先加工哪一面？

2）在创意直尺加工过程中如何装夹工件？

3）如何设置刀具路径变换？

4）铣孔与钻孔有什么区别？

5）刻字加工有哪些加工方法？该如何设置参数？

6）倒角加工与刻字加工有什么区别？

7）在创意直尺加工中，如何通过一次下料获得多个精加工毛坯？

8）在创意直尺的加工过程中，如何保证加工出的尺子刻度正确？

（2）选择题

1）创意直尺为薄壁件，重量轻，加工余量小，应选用（ ）装夹方式。

A. 机用平口钳　　　　B. 自定心卡盘　　　　C. 使用双面胶粘贴至夹具台面上

2）路径过切图标严格以过切检查结果为准，即不过切时为绿色图标，过切时为（ ）图标。

A. 绿色　　　　B. 黄色　　　　C. 红色　　　　D. 蓝色

3）通过模拟刀具切削材料的方式模拟加工过程，以检查路径是否合理、是否存在安全隐患，称为（ ）。

A. 加工过程线框模拟　　　　　　B. 加工过程实体模拟

C. 机床模拟　　　　　　　　　　D. 加工过程检查

4）在 JDSoft-SurfMill 软件中，对加工编程中刀具路径生成的流程顺序，描述正确的是（ ）。

①计算刀具路径；②路径检查与路径模拟；③输出路径；④路径向导

A.①②③④　　　　B.④①②③　　　　C.④②①③　　　　D.①④②③

5）JDSoft-SurfMill 根据精雕机床的常用刀柄，建立了系统刀柄库，可选用或创建刀柄，进行碰撞检查等操作，其中（ ）操作方式不能"删除刀柄"。

A. 按<Alt+D>快捷键　　　　　　　B. 按<Delete>键

C. 按鼠标右键→删除　　　　　　　D. 按<Alt+V>快捷键

6）有些 JDSoft-SurfMill 工件需要多把刀具才能完成加工，而这些刀具在安装时伸出的长度是有差异的，在 JDSoft-SurfMill 中通过（ ）进行调整。

A. 刀尖补偿　　　　B. 长度补偿　　　　C. 刀长补偿　　　　D. 刀径补偿

7）在加工过程中可以用一组参数来表示刀具的切削情况，包括主轴转速、进给速度、下刀速度、进刀速度、开槽速度和连刀速度，其中（ ）指切削路径的走刀速度。

A. 主轴转速　　　　B. 进给速度　　　　C. 下刀速度　　　　D. 进刀速度

8）路径过切检查有两种检查模型可选，即（ ）。

A. 路径加工域　　　　B. 毛坯　　　　C. 工件　　　　D. 几何体

9）在 JDSoft-SurfMill 加工环境下，为确保路径安全可靠，需对已经生成的刀具路径进行加工模拟，包括下列（ ）。

A. 渲染模拟　　　　B. 实体模拟　　　　C. 线框模拟　　　　D. 机床模拟

10）加工过程中，在刀具没问题的情况下，如果出现加工声音大、发闷的情况，下面可行的解决办法是（ ）。

A. 降低进给速度　　　　B. 提高进给速度　　　　C. 提高主轴转速　　　　D. 降低主轴转速

任务3

刀爪卡钳座仿真加工

知识点介绍

通过本任务，理解工件坐标系转换的意义，了解非通用夹具的选用和设计方法，并能够熟练使用单线切割、钻孔、铣螺纹等仿真加工编程方法。

能力目标要求

1）学习 3 轴双面加工工件的工艺分析和工艺方案设计方法。

2）学会编写工艺文件，选择合适的设备、工具、参数等。

3）学会加工平台的设置方法，包括机床、刀柄、刀具、毛坯、夹具、几何体等。

4）理解并掌握 2.5 轴加工方法，包括区域加工、轮廓切割、单线切割、钻孔、铣螺纹。

5）理解并掌握碰撞、干涉检查、最小装刀长度计算的方法。

6）学会运用线框、实体模拟对加工路径进行分析和优化。

7）理解并掌握定位销的定位精度以及刀具半径磨损补偿 D 值的设置方法。

任务 3.1　任务分析

工艺方案

3.1.1　分析图样，获取加工信息

刀爪卡钳座的图样如图 2-3-1 和图 2-3-2 所示。工件整体较为规整，结构清晰明确，加工元素包括平面、直面、台阶、孔、螺纹和倒角，适合用 3 轴机床分正、反两面加工。

刀爪卡钳座整体尺寸为 63mm×48.8mm×15mm，结构以孔、螺纹孔、台阶为主。正面主要有台阶面、2 个 φ10mm 沉孔、2 个 φ6.5mm 沉孔、2 个 M4 螺纹孔；反面有 2 个 φ6mm 孔、2 个 φ5.5mm 孔、4 个 M5 螺纹孔。其整体长、宽，台阶面高度及 φ6.5mm 沉孔直径尺寸精度要求较高。

零件材料为 6061 变形铝合金，属 Al-Mg-Si 系合，中等强度，具有良好的塑性和优良的耐蚀性，可加工性良好。由于采用高速切削，一般采用硬质合金刀具。

3.1.2　工艺设计

1. 毛坯的选择

6061 变形铝合金铸造性很差，其毛坯一般采用锻造或挤压成形。本零件为单件小批量

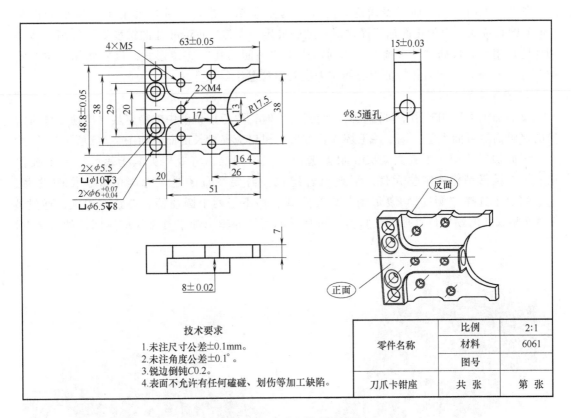

图 2-3-1　刀爪卡钳座零件图

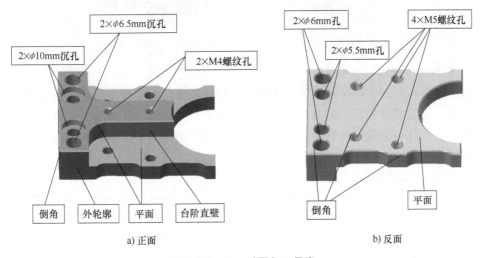

a) 正面　　　　　　　　　　　b) 反面

图 2-3-2　正、反面加工元素

生产，根据零件性能要求，毛坯选用锻造 6061 铝块，毛坯尺寸为 65mm×50mm×16mm。

2. 定位基准的选择

加工反面时，以毛坯面进行定位，为定位粗基准。以与机用平口钳固定钳口接触的侧面和顶面为定位基准。

加工正面时，以已加工表面进行定位，为定位精基准。工件反面的平面特征和两个 $\phi6mm$ 的孔特征可以为正面加工提供清晰准确的定位基准，$\phi6mm$ 孔的精度要求较高，适合用作定位销孔。根据"基准统一"原则，选择"一面两孔"定位形式，以底面作为主要定位基准，两个 $\phi6mm$ 的孔特征中心线作为次要定位基准。

3. 安装方案的确定

反面加工可以用机用平口钳装夹。装夹工件时，要考虑铣削中的稳定性，应使工件与钳口的接触面尽可能大些。该工件毛坯为长方形，钳口应夹较长的面，如图 2-3-3 所示。

正面加工使用专用夹具装夹。根据选择的定位基准，将专用夹具上表面、一个圆柱销、一个菱形销作为定位元件，形成组合定位。需要注意的是，为避免过定位的发生，一般情况下选择"圆柱销+菱形销"组合形式，而不是两个圆柱销。夹紧方式上，通过 4 个 M5 螺纹孔的锁紧位置提供锁紧力，同时保证工件外轮廓加工时需要的空间，如图 2-3-4 所示。

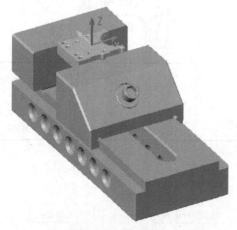

图 2-3-3　反面装夹

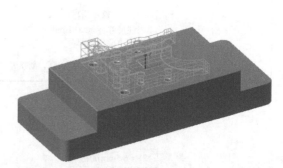

图 2-3-4　正面装夹

4. 工艺路线的确定

通过上述分析，该工件反面的平面特征、定位孔及螺纹孔是为正面装夹准备的，因此应先加工反面。根据基准先行、先面后孔的原则，确定加工路线：反面加工时的加工顺序为平面→轮廓→定位孔→倒角→铣螺纹；正面加工时的加工顺序为平面→轮廓→台阶→沉孔→倒角→铣螺纹。

5. 加工设备的选择

根据工件材质和加工要求，且该工件毛坯尺寸为 65mm×50mm×16mm，加上工装夹具，整体尺寸在 JDHGT600T 系列机床行程内，可以选用 JDHGT600T 系列 3 轴机床进行加工。

6. 加工刀具的选择

刀爪卡钳座材料为 6061 铝合金，一般选择无涂层的平底刀、大头刀、螺纹铣刀、钻头等硬质合金刀具进行铣削。

3.1.3　加工工艺卡

根据加工要求形成相应加工工艺卡，见表 2-3-1。

表 2-3-1 刀爪卡钳座加工工艺卡

工序号	工步号	工步内容	刀具名称	主轴转速 /(r/min)	进给速度 /(mm/min)	吃刀深度 /mm	路径间距 /mm
1 (反面加工)	1	精铣上平面	平底刀 JD-10.00	9000	1000	0.1	5
	2	预加工外轮廓	平底刀 JD-10.00	8000	2000	0.4	—
	3	φ5.5mm 孔粗加工	平底刀 JD-4.00	11000	500	0.2	—
	4	φ5.5mm 孔精加工	平底刀 JD-4.00	12000	500	0.2	—
	5	φ6.0mm 定位销孔粗加工	平底刀 JD-4.00	11000	600	0.4	—
	6	φ6.0mm 定位销孔精加工	平底刀 JD-4.00	12000	500	0.4	—
	7	M5 螺纹底孔钻孔-定心孔	定心钻 JD-1.0	2500	500	—	—
	8	钻孔	钻头 JD-4.2	3000	800	0.5	—
	9	外轮廓倒角	大头刀 JD-90-0.20	12000	1500	0.2	—
	10	φ6.0mm 定位销孔倒角	大头刀 JD-90-0.20	12000	1000	0.2	—
	11	φ5.5mm 孔倒角	大头刀 JD-90-0.20	12000	1000	0.2	—
	12	螺纹倒角	大头刀 JD-90-0.20	12000	1000	0.2	—
	13	铣螺纹	螺纹铣刀 JD-4-0.80	12000	1500	—	—
2 (正面加工)	1	上平面粗加工	平底刀 JD-10.00	8000	2000	0.4	5
	2	上平面精加工	平底刀 JD-10.00	9000	1000	0.15	5
	3	正面外轮廓粗加工	平底刀 JD-10.00	8000	2000	0.6	—
	4	正面外轮廓精加工	平底刀 JD-10.00	9000	1500	2	—
	5	台阶底面粗加工	平底刀 JD-10.00	8000	2000	0.6	5
	6	台阶底面精加工	平底刀 JD-10.00	9000	1000	0.15	5
	7	台阶侧壁精加工	平底刀 JD-10.00	9000	1000	8	—
	8	φ6.5mm 孔粗加工	平底刀 JD-4.00	11000	600	0.4	—
	9	φ6.5mm 孔精加工	平底刀 JD-4.00	12000	500	0.4	—
	10	φ10mm 沉孔粗加工	平底刀 JD-8.00	9000	600	0.8	—
	11	φ10mm 沉孔精加工	平底刀 JD-8.00	10000	500	0.5	—
	12	M4 螺纹底孔钻定心孔	定心钻 JD-1.00	2500	500	—	—
	13	M4 螺纹底孔钻孔	钻头 JD-3.3	3000	500	0.5	—
	14	外轮廓倒角	大头刀 JD-90-0.20	12000	1500	0.2	—
	15	台阶倒角加工	大头刀 JD-90-0.20	12000	1500	0.2	—
	16	孔倒角	大头刀 JD-90-0.20	12000	1000	0.2	—
	17	M5 孔倒角	大头刀 JD-90-0.20	12000	1000	0.2	—
	18	M4 孔倒角	大头刀 JD-90-0.20	12000	1000	0.2	—
	19	铣螺纹	螺纹铣刀 JD-3.3-0.7	12000	1000	—	—

任务3.2　数字化制造系统搭建

3.2.1　准备模型

反面编程准备

1）打开 JDSoft-SurfMill 软件，新建空白曲面加工文档。在"导航工作条"中选择 3D 造型模块，然后选择"文件"→"输入"→"三维曲线曲面"，在打开的对话框中选择建模中保存的 .igs 格式的"刀爪卡钳座-模型 .igs"和"机用平口钳造型 .igs"文件。在图层列表中将相应的图层重命名为"工件反面"和"反面工装"，如图 2-3-5 所示。

2）图层显示"工件反面"，隐藏"反面工装"，利用【变换】菜单下的【图形翻转】命令和【图形聚中】命令调整工件反面的图形位置，如图 2-3-6 所示，设置为反面朝上、X 轴方向中心聚中、Y 轴方向中心聚中、Z 轴方向顶部聚中。

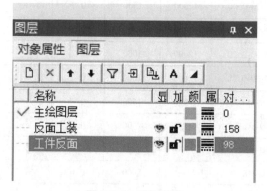

图 2-3-5　图层列表

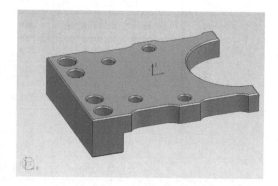

图 2-3-6　图形位置调整

3）在图层列表中新建"反面毛坯"图层并设置为当前图层，绘制 60mm×50mm 大小的矩形框并使图形居中。选择【曲面】→【拉伸面】，在"导航工作条"中选择【单项拉伸】，"拉伸距离"设置为"16"，勾选"加上盖""加下盖"和"生成组合面"，生成一个 X、Y 方向中心居中、Z 向顶部居中，尺寸为 65mm×50mm×16mm 的长方体毛坯，如图 2-3-7 所示。

图 2-3-7　拉伸面绘制毛坯

4）工件与毛坯都执行过相同的图形居中命令，相对关系明确，毛坯完全包裹工件。机用平口钳需要在夹持毛坯的同时规避加工干涉，所以确定机用平口钳的夹持状态和位置时以毛坯模型为准，并使毛坯顶面高出机用平口钳顶面 5mm。通过【变换】菜单下的【图形对齐】和【3D 平移】命令可以实现该操作，如图 2-3-8 所示。

图 2-3-8　工件、毛坯、工装的位置关系

3.2.2　设置机床

在"导航工作条"中选择加工模块，选择【项目向导】菜单栏下的【机床设置】命令，在弹出的对话框中选择机床类型为 3 轴，机床文件选 JDHGT600T，机床输入文件格式选择 JD650 NC（As Eng650）。为方便在机床上检查和编译路径，在机床设置时选择"ENG 设置扩展"→"子程序模式"→"子程序支持 T"，如图 2-3-9 所示。

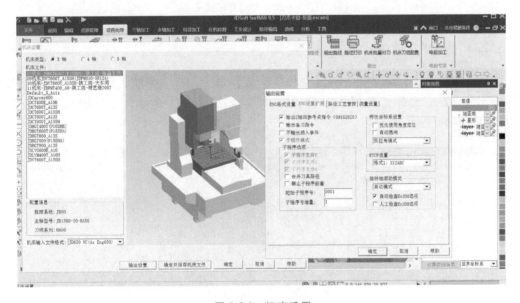

图 2-3-9　机床设置

3.2.3　创建几何体

选择【项目向导】菜单栏下的【创建几何体】命令，在"导航工作条"中设置名称为"反面几何体"，然后根据"工件反面""反面毛坯""反面工装"图层，依次编辑【工件设置】、【毛坯设置】和【夹具设置】，拾取相应的"工件面""毛坯面"和"夹具面"。注意：在设置毛坯面时选择"自定义生成"，设置夹具时装配坐标系选择"底面中心点"，如图 2-3-10 所示。毛坯设置还有多种方法，可以根据需要进行选择。

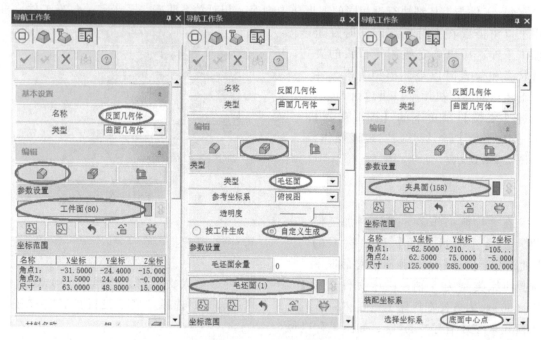

图 2-3-10   创建几何体

3.2.4   安装几何体

选择【项目向导】菜单栏下的【几何体安装】命令，在"导航工作条"中"反面几何体"的安装设置中选择"几何体定位坐标系"，如图 2-3-11 所示，将反面几何体安装于 JDHGT600T 机床上。

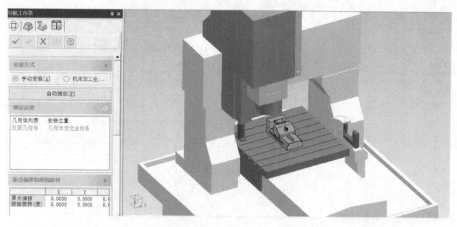

图 2-3-11   反面几何体安装于机床上

3.2.5   创建刀具

每把加工用刀具都必须经过"刀具形状""刀柄型号""刀具装夹长度"的设定，具体设定过程如下。

1）如图 2-3-12 所示，单击【当前刀具表】命令，在弹出的对话框左下方单击【创建刀具】按钮。在"刀具参数"对话框中单击【刀具】，进入系统刀具库。

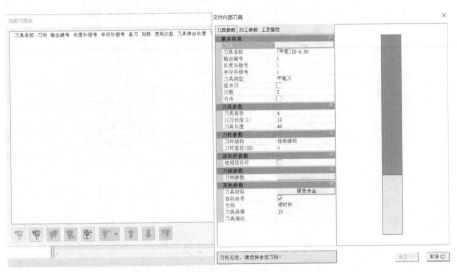

图 2-3-12　添加刀具

2）如图 2-3-13 所示，在弹出的"系统刀具库"对话框中创建刀具。选择"［平底］JD-10.00"刀具，在此处可以修改刀具长度、刀刃长度等参数。如果需要"［平底］JD-12.00"刀具，而目前系统刀具库中没有该刀具，可以单击下方的【添加】按钮，添加一把新的刀具，并修改刀具直径等参数。单击【确定】按钮返回图 2-3-12 所示界面，单击【刀柄参数】进入刀柄设置。

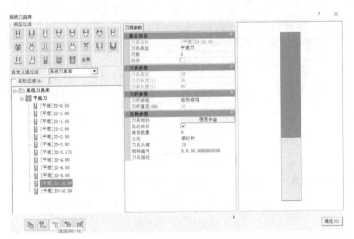

图 2-3-13　创建刀具

3）如图 2-3-14 所示，根据现场使用的实际刀柄型号，选择系统刀柄库中的"HSK-A50-ER25-080S"，单击【确定】按钮。

4）如图 2-3-15 所示，在"当前刀具"对话框中检查"刀具名称"为"［平底］JD-10.00"的刀具，其"输出编号""长度补偿号""半径补偿号"一致，"刀具直径"为"10"，设置"刀具伸出长度"为"50"，单击【确定】按钮。

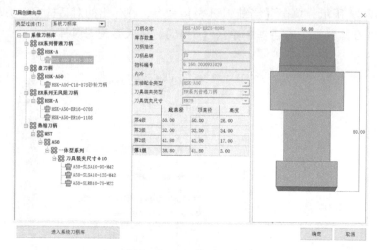

图 2-3-14 刀柄型号选择

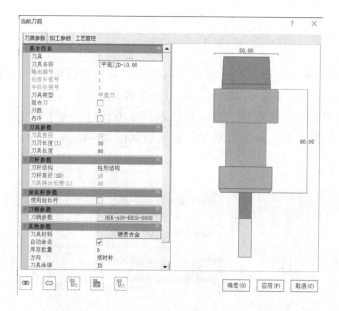

图 2-3-15 刀具参数设置

5）返回"当前刀具表"对话框，［平底］JD-10.00 刀具设置完成，单击【确定】按钮。根据工艺思路，以相同的方式创建其他刀具，如图 2-3-16 所示。

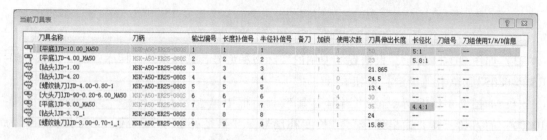

图 2-3-16 当前刀具表

任务3.3　仿真加工编程

3.3.1　创建辅助线面

根据反面需要加工的特征绘制进行路径编辑时要用到的加工辅助线，并在图层列表中新建"加工辅助线"图层，以方便图形管理，如图2-3-17所示。

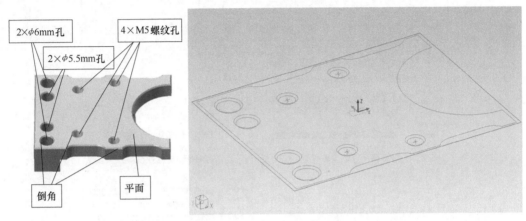

图 2-3-17　创建辅助线

操作提示：

加工辅助线的绘制方法一般有两种：

1）可以直接绘制曲线，然后利用【平移】【图形对齐】等命令处理图形位置。

2）利用【曲线】菜单中的【曲面边界线】功能直接根据曲面生成需要的曲线。

3.3.2　反面加工编程

1. 精铣上平面

在图层列表中显示"反面毛坯"图层并隐藏其他图层，单击毛坯外轮廓线，在加工模块中选择【项目向导】→【加工向导】，然后在"导航工作条"中选择【2.5轴路径】→【区域加工】→【确定】。　反面编程（一）

在弹出的"刀具路径参数"对话框中设置加工范围、加工刀具、主轴转速、进给速度、路径间距、轴向分层、下刀方式、走刀速度等参数，如图2-3-18所示。

操作提示：

1）在"加工图形"对话框的"深度范围"选项组中设置"表面高度"为"0"，"加工深度"为"0"，对应的在机床加工时用试切法定义合适的Z值，确保平面加工完全。

2）选择毛坯外轮廓线为加工轮廓线，需注意轮廓四周尖角部分可能会留有加工余料，可通过设置侧壁负余量来解决，但需注意路径范围扩大，刀具不会碰撞干涉。本区域加工路径中使用［平底］JD-10.00刀具，设置侧边余量为"-5"~"-10"，可以使平面加工完全，同时由于毛坯表面高出机用平口钳5mm，刀具不会干涉。

3）在"加工刀具"对话框中，"刀具名称"选择"［平底］JD-10.00"刀具，"走刀速

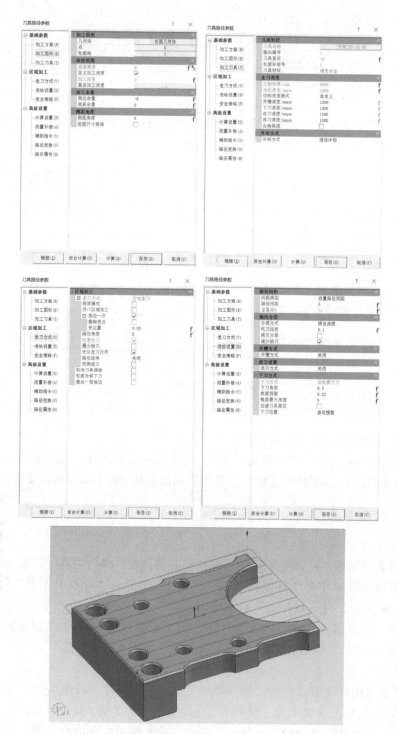

图 2-3-18 "精铣上平面"刀具路径参数设置

度"选项按照精加工设置,主轴转速设置为"9000",进给速度设置为"1000"。

4)在"走刀方式"对话框中,"走刀方式"选择"行切走刀",勾选"往复走刀"。

5)在"进给设置"对话框中,"路径间距"设置重叠率为50%,此处"轴向分层"可以默认，"下刀方式"选择"沿轮廓下刀"。

2. 预加工外轮廓

在图层列表中显示"反面加工辅助线"图层并隐藏其他图层，单击工件外轮廓线，加工过程与区域加工相同，但在【2.5轴路径】中须选择【轮廓切割】。

在"刀具路径参数"对话框中设置加工范围、刀具名称、主轴转速、进给速度、轴向分层、进刀方式、退刀方式、下刀方式、走刀速度等参数，设置完成后生成刀具路径，如图2-3-19所示。此处，可以按照粗加工进行设置，偏移方向设置为向外偏移。

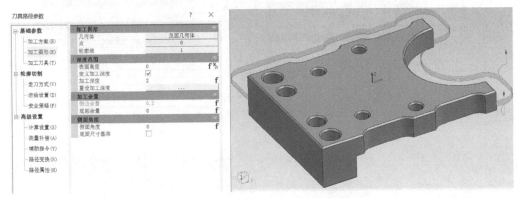

图 2-3-19　"预加工外轮廓"刀具路径参数设置

操作提示：

预加工外轮廓是为了进行工件反面外轮廓倒角而事先切除毛坯周边余料，并不精加工工件外轮廓直侧壁（外轮廓直侧壁在正面工序加工），所以在设置参数时侧边余量设置为 0.2mm。

3. 加工 ϕ5.5mm 孔与 ϕ6.0mm 定位销孔

单击 ϕ5.5mm 和 ϕ6.0mm 的圆曲线，选择【2.5轴路径】中的【轮廓切割】加工方法，在"刀具路径参数"对话框中设置工艺参数。

操作提示：

1）为保证孔侧壁效果，需进行粗、精两次加工。

2）定位销孔需与定位销配合，孔的尺寸精度要求较高，通过设置【刀具补偿】来适配加工。如图2-3-20所示，在"加工刀具"对话框的"刀具补偿"选项组，选择"半径补偿"为"正向补偿"，最大补偿默认"0.1"。

3）轮廓切割铣孔加工中的实际轴向吃刀深度受多个参数影响，如本例中 ϕ6.0mm 定位销孔精加工路径中，轴向分层设定吃刀深度为"0.4"，为保护刀具，需设置下刀方式为"沿轮廓下刀"，下刀角度为"2"，则实际吃刀深度经测量为 0.218mm，下刀角度越小，每层吃刀深度越小，如图2-3-20所示。在铣孔加工中需注意因为下刀角度过小而引起的每层吃深过小问题。

4. 钻 M5 螺纹底孔

螺纹底孔一般用钻孔功能加工，在【2.5轴加工组】中选择【钻孔】加工方法，在"刀具路径参数"对话框中设置相应的工艺参数，生成钻孔路径，如图2-3-21所示。

反面编程（二）

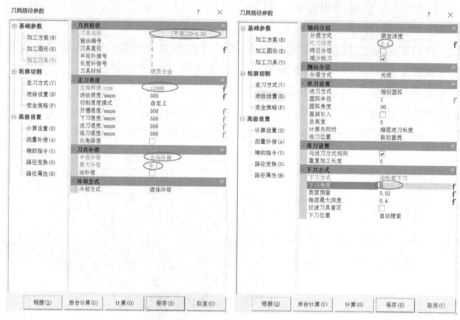

图 2-3-20 "定位销孔加工"刀具路径参数设置

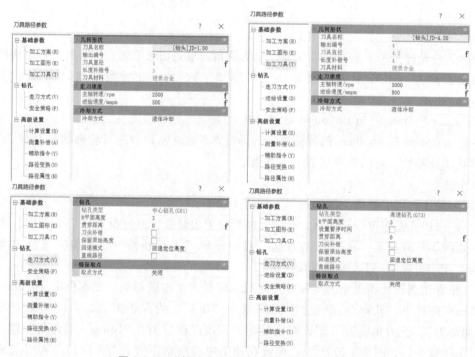

图 2-3-21 "螺纹底孔加工"刀具路径参数设置

操作提示：

1）钻孔前需要加工引孔，所以需先编辑引孔路径，引孔钻孔类型为"中心钻孔"，刀具为 φ1.0mm 的定心钻。

2）M5 螺纹孔的底孔大小为 φ4.2mm，所以螺纹底孔钻孔刀具为 φ4.2mm 的钻头，同时钻孔类型选择【高速钻孔】。

5. 加工倒角

倒角加工是利用锥度为90°的［大头刀］JD-90-0.20-6.00 将工件利角切削成45°斜角，可以达到去毛刺、去利边的工艺要求。如工件外轮廓倒角，选择【轮廓切割】→偏移方向的加工方法，加工图形为轮廓线，加工刀具为［大头刀］JD-90-0.20-6.00，设置主轴转速、进给速度、吃刀深度、下刀方式等参数，生成倒角刀具路径，如图 2-3-22 所示。

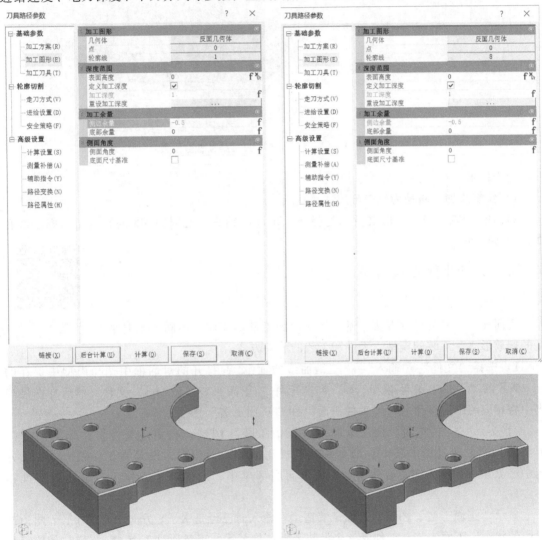

图 2-3-22 "倒角加工"刀具路径参数设置

操作提示：

倒角加工编程在选择【轮廓切割】→偏移方向（外轮廓-向外偏移，孔-向内偏移）的加工方法时，通过设置"加工深度"与"侧边余量（倒角大小）"来规划刀具侧刃切削材料的部分，以避免大头刀刀尖部分崩刃磨损。

6. 铣 M5 螺纹

标准螺纹仿真加工编程时需要用到螺纹库，在【2.5 轴加工组】中选择【铣螺纹加工】

方法，加工方式选择【内螺纹右旋】，然后单击【螺纹库】按钮，在弹出的"螺纹库"对话框中选择 M5 米制粗牙螺纹，对应 M5 标准螺纹的"公称直径""螺距"和"底孔直径"参数就自动输入到刀具路径参数中。加工螺纹的刀具为螺纹铣刀，加工 M5 螺纹的螺纹铣刀为［螺纹铣刀］JD-4.00-0.80-1，刀具路径参数设置如图 2-3-23 所示。

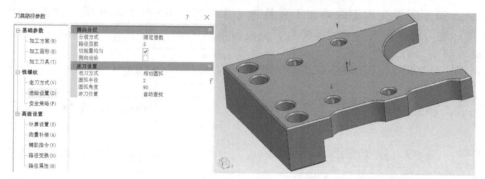

图 2-3-23　"铣螺纹加工"刀具路径参数设置

操作提示：

1）铣螺纹加工路径为侧向分层。

2）加工 M5 螺纹底孔时之所以选择 $\phi 4.2$mm 的钻头，是因为 M5 的米制粗牙螺纹底孔直径为 $\phi 4.2$mm。

3.3.3　正面加工编程

1. 设置加工环境

正面加工环境的设置方法、流程与反面加工基本相同，不同点主要是工件的摆放形态、工装的模型、工件和工装的装夹方式。

1）选择"文件"→"输入"→"三维曲线曲面"，在打开的对话框中选择模型中保存的 .igs 格式的"刀爪卡钳座-模型 .igs"和"工件二-正面工装造型 .igs"文件，然后在图层列表中将相应的图层重命名为"工件正面"和"正面工装"图层。

2）显示"工件正面"图层，隐藏"正面工装"图层，利用【变换】菜单下的【图形翻转】命令和【图形聚中】命令调整工件正面的图形位置，设置为正面朝上，X 轴方向中心聚中、Y 轴方向中心聚中、Z 轴方向底部聚中，与底部平面作为主要定位基准相一致。

显示"正面工装"图层，正面工装造型在输入时已经是 X、Y 方向中心居中，Z 向顶部居中的状态，正面工装与工件成一个吊装上下结构关系，工装通过 2 个 $\phi 6$mm 定位销确保与工件的相对位置，并通过 4 个 M5 的螺钉锁紧工件，如图 2-3-24 所示。

3）与建立反面毛坯的步骤相同，在图层列表中新建"正面毛坯"图层并设置为当前图层，绘制 65mm×50mm 大小的矩形框并使图形居中，Z 正向拉伸生成一个 X、Y 方向中心居中，Z 向底部居中，尺寸为 65mm×50mm×16mm 的长方体毛坯。

4）与反面几何体的创建和安装相同，根据"工件正面""正面毛坯""正面工装"图层依次编辑【工件设置】【毛坯设置】和【夹具设置】，完成"正面几何体"的创建，然后将其安装于 JDHGT600T 机床上。

正面编程准备

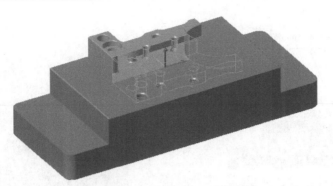

图 2-3-24　正面工装与工件装夹

2. 绘制加工辅助线

根据正面需要加工的特征绘制进行路径编辑时需要用到的加工辅助线，并在图层列表中新建"正面加工辅助线"图层，以方便图形管理，如图 2-3-25 所示。

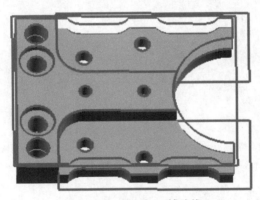

图 2-3-25　绘制加工辅助线

操作提示：

在通过【曲面边界线】等命令生成一些辅助线后，有时需要进行【曲线延伸】和【曲线组合】等操作，以扩大加工区域，从而避免一些边角无法切削到的情况。

3. 仿真加工编程

正面加工使用的加工方法与反面加工相同。根据工件正面需要加工的特征选择合适的加工方法，先进行整体加工（平面、外轮廓、台阶直壁），再进行局部特征加工（孔、螺纹底孔、倒角、螺纹），正面仿真加工步骤如图 2-3-26 所示。

4. 加工台阶倒角

由于台阶倒角加工时容易发上碰撞，因此这里重点强调。在正面加工中对台阶底面（见图 2-3-27 中蓝线）进行倒角加工时，为避免如图 2-3-28 所示刀具在路径单线首末端易发生的干涉，提取辅助线时，对单线进行【曲线打断】或【曲线裁剪】处理。

正面编程（一）

正面编程（二）

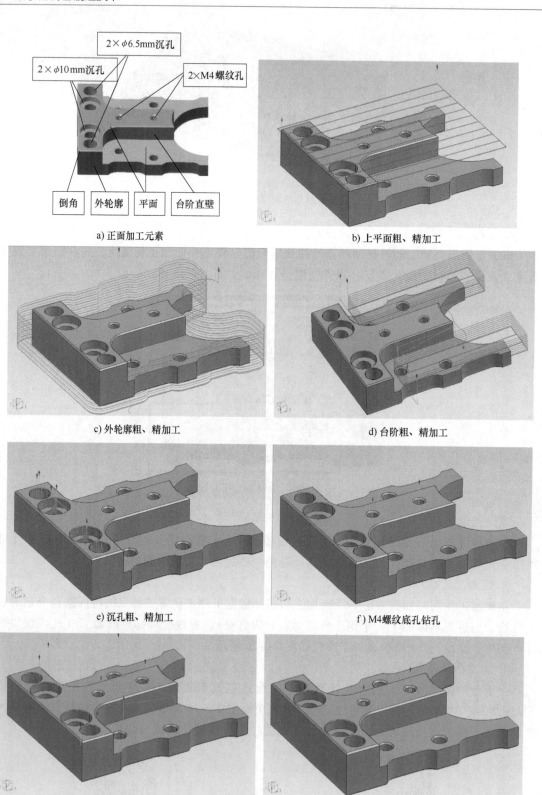

2×φ6.5mm沉孔

2×φ10mm沉孔

2×M4螺纹孔

倒角　外轮廓　平面　台阶直壁

a) 正面加工元素

b) 上平面粗、精加工

c) 外轮廓粗、精加工

d) 台阶粗、精加工

e) 沉孔粗、精加工

f) M4螺纹底孔钻孔

g) 外轮廓、台阶、孔倒角

h) 铣螺纹

图 2-3-26　正面仿真加工步骤

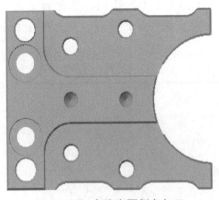

图 2-3-27   台阶底面倒角加工

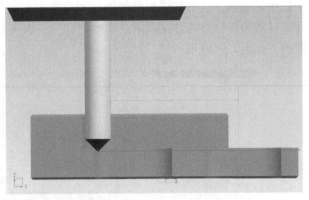

图 2-3-28   台阶倒角加工

任务 3.4   数字化验证与结果输出

3.4.1   线框模拟

在加工环境下，单击【项目向导】→【线框模拟】，"导航工作条"进入线框模拟引导。单击【选择路径】按钮，弹出"选择路径"对话框，选择要进行线框模拟的路径，单击【确定】按钮返回。单击【开始】按钮，软件开始以线框方式显示模拟路径加工过程，如图 2-3-29 所示。

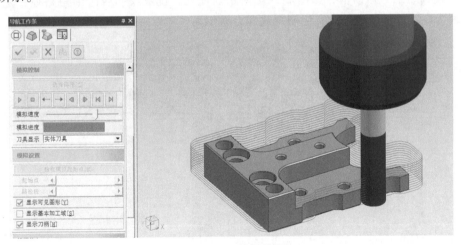

图 2-3-29   线框模拟

操作提示：

单击【拾取模拟起始点】按钮，可以通过拾取路径点位置设置路径模拟的初始位置。

3.4.2   实体模拟

在加工环境下，单击【项目向导】→【实体模拟】，"导航工作条"进入实体模拟引导。单击【选择路径】按钮，弹出"选择路径"对话框，将编辑好的路径全部选中，单击【确定】按钮返回。设置好模拟控制后在"导航工作条"中单击【开始】按钮，软件开始通过模拟刀具切削材料的方式实体模拟加工过程，编程人员可检查路径是否合理、是否存在安全隐患，如图 2-3-30 所示。

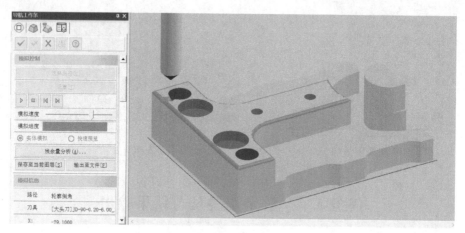

图 2-3-30　实体模拟

3.4.3　过切检查

在加工环境下，单击【项目向导】→【过切检查】，在"导航工作条"中单击【过切检查】→【检查模型】→【几何体】→【正面几何体】→【开始检查】，检查路径是否存在过切现象，并弹出"检查结果"对话框，如图 2-3-31 所示。此处，铣螺纹和台阶倒角路径一定会显示过切，因为在工件模型中并没有绘制螺纹和台阶倒角。

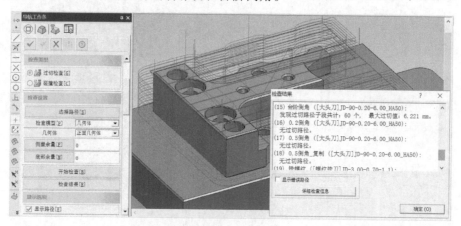

图 2-3-31　过切检查

3.4.4　碰撞检查

与过切检查操作类似，在加工环境下，单击【项目向导】→【碰撞检查】，在"导航工作条"中单击【碰撞检查】→【检查模型】→【几何体】→【正面几何体】→【开始检查】，检查刀具、刀柄等在加工过程中是否与检查模型发生碰撞，保证加工过程的安全，并在弹出的"检查结果"对话框中给出不发生碰撞的最短刀具伸出长度、最优化备刀，如图 2-3-32 所示。

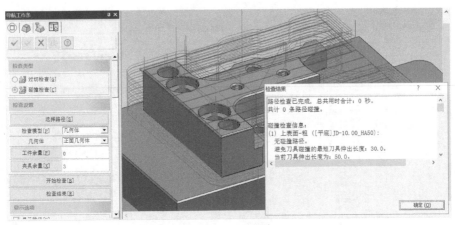

图 2-3-32　碰撞检查

3.4.5　机床模拟

在加工环境下，单击【项目向导】→【机床模拟】，在【模拟控制】菜单中单击【开始】按钮，进入机床模拟状态，检查机床各部件与工件夹具之间是否存在干涉，以及各运动轴是否有超程现象，如图 2-3-33 所示。当路径的过切检查、碰撞检查和机床仿真都完成并正确时，"导航工作条"中的路径安全状态显示为绿色。

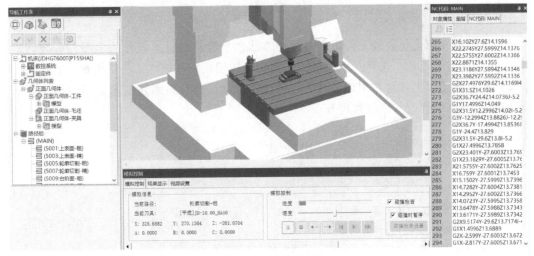

图 2-3-33　机床模拟

3.4.6　刀具路径输出

在加工环境下，单击【项目向导】→【输出路径】，弹出"输出路径（后置处理）"对话框。检查需输出的路径没有疏漏，输出格式选择 JD650 NC 格式，选择输出文件的名称和地址，单击【确定】按钮，完成输出，弹出路径输出成功提示，如图 2-3-34 所示。此处，将"铣螺纹"等存在过切的路径【安全策略】→【进行路径检查】改为"只进行碰撞检查"，以免无法输出路径。

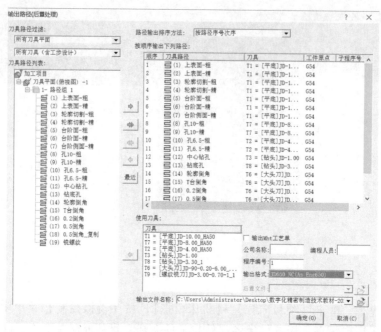

图 2-3-34　输出刀具路径

任 务 小 结

1）本任务介绍了仿真加工刀爪卡钳座的方法和步骤。经过本任务的学习，应能够根据工件特点安排加工工艺，选择并使用单线切割、轮廓切割和区域加工等常用加工方法。

2）通过熟悉以上几种常用加工方法，可自行设计任务并熟悉其他未介绍的加工方法的仿真编程，如单线摆槽、区域修边等。

思 考 题

（1）讨论题

1）正、反两面加工先加工哪一面？

2）正、反两面加工工件都该如何紧固？

3）第二面加工该如何定位，以保证正、反两面加工不错位？

4）第二面加工的基准面如何确定？如何保证整体高度尺寸？

5）开粗和精加工的工艺参设设置有什么不同？

6）2.5 轴加工常出现的不良加工现象有哪些？

7）孔特征的加工方法通常有哪些？都用在什么情况下？

8）定位销孔与销的配合精度如何确定？

9）整体外轮廓的加工为什么放在正面加工？能不能放在反面加工？

10）倒角加工有哪些方法？参数该如何设置？

（2）选择题

1）加工刀爪卡钳座反面时工件坐标系设在（　　）。

A. 上表面　　　　　B. 中间面　　　　　C. 底面

2）刀爪卡钳座正反面仿真加工编程若在一个文件中完成，需要建立（　　）个几何体。

A. 1　　　　　B. 2　　　　　C. 3　　　　　D. 4

3）加工刀爪卡钳座螺纹使用（　　）方法。

A. 铣螺纹　　　　　B. 钻孔　　　　　C. 攻螺纹　　　　　D. 轮廓切割

4）加工刀爪卡钳座正面时定位基准的选择主要符合（　　）原则。

A. 基准重合　　　　　B. 基准统一　　　　　C. 自为基准　　　　　D. 互为基准

5）刀爪卡钳座正面加工时，影响刀具转速的因素主要有（　　）。

A. 工件材料　　　　　B. 刀具材料　　　　　C. 刀具形状　　　　　D. 机床性能

6）刀爪卡钳座正面加工涉及的方法主要有（　　）。

A. 区域加工　　　　　B. 轮廓切割　　　　　C. 钻孔　　　　　D. 铣螺纹

（3）判断题

1）铣螺纹前应该钻出合适的底孔。（　　）

2）刀爪卡钳座正、反两面加工，先加工反面。（　　）

3）刀爪卡钳座反面的 $\phi 6mm$ 孔，在正面加工时可以作为定位销孔。（　　）

4）刀爪卡钳座 4 个 M5 螺纹孔，在正面加工时不能用来锁紧工件。（　　）

任务4

支撑座仿真加工

🔧 知识点介绍

通过本任务，学习在机测量，建立工件位置补偿的方法，并能够熟练地建立在机测量点，使用曲线测量建立中心角度补偿。

🔧 能力目标要求

1）能够根据机械制图相关国家标准读懂零件图，并提取零件的加工要求。

2）能够读懂3轴数控加工的工艺规程，同时会设计平面、轮廓类精密零件的工艺路线并编写工艺文件。

3）能够根据3轴数控机床的结构特点、切削性能和加工工艺要求，合理选择加工设备。

4）能够根据工艺规程，运用机械加工工艺和夹具的知识，合理选用机用平口钳等通用工装。

5）能够熟练地建立在机测量点，使用曲线测量建立中心角度补偿。

6）能够根据数控系统正确选择后处理配置文件并进行刀具路径的后处理。

7）能够正确理解并设置CAM软件中相关控制项，完成工件的仿真加工编程，获得加工文件。

8）能够根据测量要素进行简单的测量点布置并进行在机测量。

9）能够对编制的加工路径进行仿真模拟和检查，并使用正确的后处理进行输出。

任务4.1 任务分析

4.1.1 分析图样，获取加工信息

工艺方案

支撑座图样如图2-4-1和图2-4-2所示。支撑座整体较为规整，结构清晰明确，主要加工元素包含平面、直侧面、台阶面、沉孔、通孔、槽，适合用3轴机床分正、反两面加工。

支撑座整体尺寸为54mm×44mm×20mm，结构以台阶特征、方孔、槽为主。台阶面高度、方孔尺寸和位置精度要求较高。

零件材料为6061铝合金，具有良好的塑性和优良的耐蚀性，可加工性良好。由于采用高速切削，故采用硬质合金刀具。

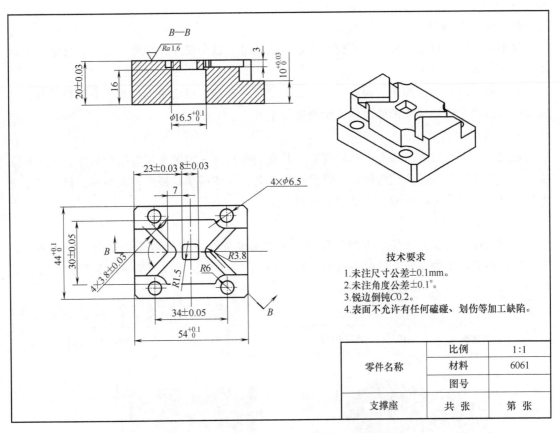

图 2-4-1　支撑座图样

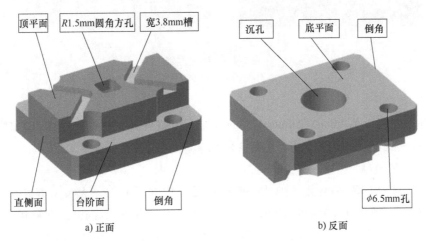

图 2-4-2　支撑座正、反面加工元素

4.1.2　加工工艺设计

1. 选择毛坯

支撑座整体尺寸为 54mm×44mm×20mm，毛坯选用锻造 6061 铝块，毛坯尺寸为 60mm×

50mm×25mm。

2. 选择定位基准

反面加工时，以毛坯面进行定位，为定位粗基准。以与机用平口钳固定钳口接触的侧面和顶平面作为定位基准。

正面加工时，以已加工表面进行定位，为定位精基准。以底平面作为主要定位基准，与机用平口钳固定钳口接触的侧面作为次要定位基准。

3. 确定装夹方案

通过模型可以发现工件外形比较规整，其直侧壁具有一定的高度和结构强度，可以作为装夹或定位面使用，因此使用机用平口钳进行装夹，并使用垫铁调整装夹高度。该工件毛坯为长方体，钳口应夹较长的面，如图 2-4-3 所示。

4. 确定工艺路线

通过上述分析，该工件应先加工反面。根据基准先行、先面后孔等原则，确定加工路线：反面加工顺序为平面→轮廓→沉孔→$\phi6.5$mm 孔→倒角；正面加工顺序为平面→建立补偿→台阶→方孔→槽→倒角。

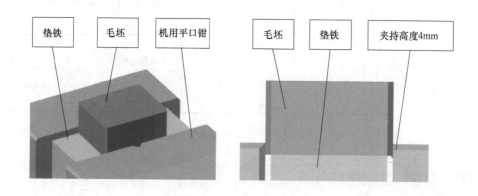

图 2-4-3　装夹方案

5. 选择加工设备

该工件毛坯尺寸为 60mm×50mm×25mm，加上工装夹具，整体尺寸在 JDHGT600T 系列机床行程内，可以选用 JDHGT600T 系列 3 轴机床进行加工。

6. 选择加工刀具

支撑座材料为 6061 铝合金，因此一般选择无涂层的平底刀、大头刀等硬质合金刀具。铣平面、外形、台阶时最小圆角为 $R6$mm，最大加工深度为 20.2mm，因此使用 JD-10.00 刃长 20.2mm 以上的平底刀，装刀长度为 25mm；锐边倒角加工，为避免加工正面 $\phi6.5$mm 通孔倒角时不与台阶干涉，因此使用 JD-90-0.1-6 大头刀进行所有锐边倒角。其他特征加工的刀具选择和上述规则类似，不再赘述。

4.1.3　加工工艺卡

根据加工要求形成相应加工工艺卡，见表 2-4-1。

表 2-4-1　支撑座加工工艺卡

工序号	工步号	工步内容	刀具名称	主轴转速 /(r/min)	进给速度 /(mm/min)	吃刀深度 /mm	路径间距 /mm
1 （反面）	1	精铣底平面	平底刀 JD-10.00	9000	1000	0.1	5
	2	粗加工外轮廓	平底刀 JD-10.00	8000	2000	0.5	—
	3	精加工外轮廓	平底刀 JD-10.00	9000	1000	1	—
	4	粗加工沉孔	平底刀 JD-10.00	8000	1000	0.5	—
	5	精加工沉孔	平底刀 JD-10.00	9000	1000	0.5	—
	6	粗加工 $\phi6.5$mm 孔	平底刀 JD-4.00	11000	500	0.2	—
	7	精加工 $\phi6.5$mm 孔	平底刀 JD-4.00	12000	500	0.4	—
	8	加工轮廓倒角	大头刀 JD-90-0.2-6	9000	1000	0.2	—
	9	加工孔倒角	大头刀 JD-90-0.2-6	9000	1000	0.2	—
2 （正面）	1	粗加工顶平面	平底刀 JD-10.00	8000	2000	0.4	5
	2	精加工顶平面	平底刀 JD-10.00	9000	1000	0.15	5
	3	曲线测量	JD-测头 D5.00	—	—	—	—
	4	粗加工台阶面	平底刀 JD-10.00	8000	2000	1	5
	5	精加工台阶面	平底刀 JD-10.00	9000	1000	10	5
	6	粗加工槽	平底刀 JD-3.00	13000	1000	0.2	1.5
	7	精加工槽	平底刀 JD-3.00	14000	500	3	—
	8	粗加工方孔	平底刀 JD-2.00	14000	1000	0.2	1.5
	9	精加工方孔	平底刀 JD-2.00	15000	500	0.4	—
	10	加工顶平面倒角	大头刀 JD-90-0.2-6	9000	1000	0.2	—
	11	加工台阶面倒角	大头刀 JD-90-0.2-6	9000	1000	0.2	—
	12	加工孔倒角	大头刀 JD-90-0.2-6	9000	1000	0.2	—

任务4.2　数字化制造系统搭建

4.2.1　准备模型

1）打开 JDSoft-SurfMill 软件，新建精密加工曲面加工文档。在"导航工作条"中选择 3D 造型模块，然后选择"文件"→"输入"→"三维曲线曲面"，选择 .igs 格式的"支撑座-模型"和"机用平口钳工装造型 .igs"文件。新建 2 个图层，分别命名为"毛坯"和"辅助线"，"辅助线"图层用于放置反面编程所需的辅助线，如图 2-4-4 所示。

2）图层显示"工件反面"，隐藏"反

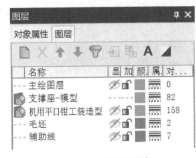

图 2-4-4　图层列表

反面编程准备

面工装",利用【变换】菜单下的【图形翻转】命令和【图形聚中】命令调整工件反面的图形位置，如图 2-4-5 所示，设置为反面朝上，X 轴方向中心聚中、Y 轴方向中心聚中、Z 轴方向顶部聚中。

3）在图层列表中选择"毛坯"图层并设置为当前图层，绘制 60mm×50mm 大小的矩形框并使图形居中。选择【曲面】→【拉伸面】，在"导航工作条"中选择"单向拉伸"，"拉伸距离"设置为"25"，勾选"加上盖""加下盖"和"生成组合面"，生成一个 X、Y 方向中心居中，Z 向顶部居

图 2-4-5　图形位置调整

中，尺寸为 65mm×50mm×25mm 的长方体毛坯，如图 2-4-6 所示。

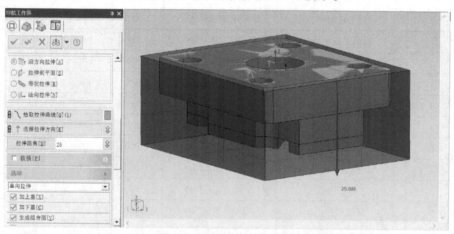

图 2-4-6　创建长方体毛坯

4）毛坯也需要进行图形居中。设置顶面高度为"0"，使毛坯完全包裹工件。机用平口钳应夹持住毛坯，通过使用指定高度的垫铁，使机用平口钳实际夹持高度为 4mm，如图 2-4-7 所示。

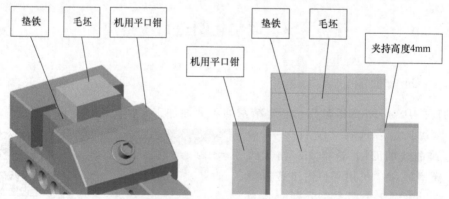

图 2-4-7　工件、毛坯、工装的位置关系

4.2.2　设置机床

在"导航工作条"中选择加工模块，选择【项目向导】菜单栏下的【机床设置】命

令，在弹出的对话框中选择机床类型为 3 轴，机床文件选择 JDHGT600T，机床输入文件格式选择 JD650 NC（As Eng650），如图 2-4-8 所示。为方便在机床上检查和编译路径，选择"ENG 设置扩展"→"子程序输出"→"子程序支持 T"。

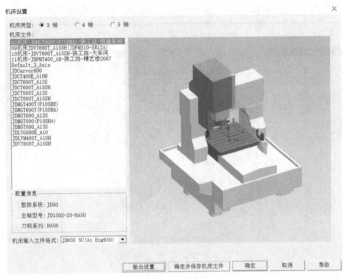

图 2-4-8　机床设置

4.2.3　创建几何体

选择【项目向导】菜单栏下的【创建几何体】命令，在"导航工作条"中设置名称为"反面几何体"，然后根据"支撑座-模型""毛坯""机用平口钳工装造型"图层，依次进行【工件设置】【毛坯设置】和【夹具设置】，拾取相应的"工件面""毛坯面"和"夹具面"。注：在设置毛坯面时选择"自定义生成"，设置夹具面时装配坐标系选择"底面中心点"，如图 2-4-9 所示。

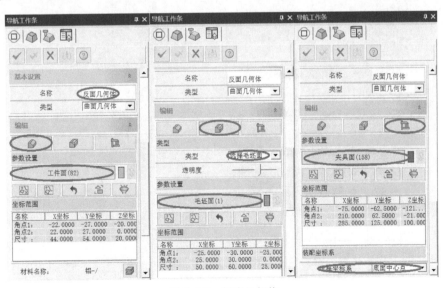

图 2-4-9　创建几何体

4.2.4 安装几何体

选择【项目向导】菜单栏下的【几何体安装】命令，在"导航工作条"中，"反面几何体"的安装设置选择"几何体定位坐标系"，如图 2-4-10 所示，将反面几何体安装于 JDHGT600T 机床上。

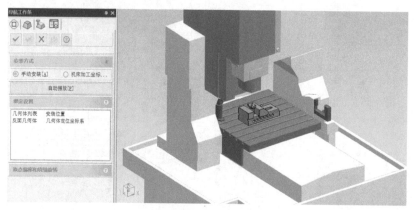

图 2-4-10　安装几何体

4.2.5 创建刀具

每把加工用刀具都必须经过"刀具形状""刀柄型号""刀具装夹长度"的设定，具体设定过程如下：

1）如图 2-4-11 所示，单击【当前刀具表】命令，在弹出的对话框左下方单击【创建刀

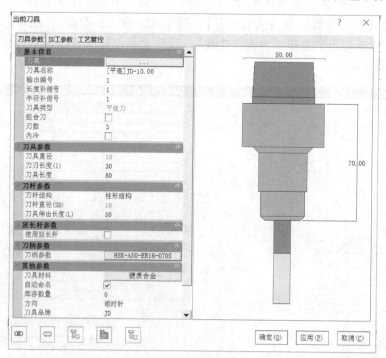

图 2-4-11　创建刀具

具】。在"刀具参数"选项卡中单击【刀具】，进入系统刀具库。

2）如图2-4-12所示，在弹出的"系统刀具库"对话框中创建加工刀具，选择［平底］JD-10.00刀具，在此处可以修改刀具长度、刀刃长度等参数。单击【确定】按钮，返回图2-4-11所示界面，单击【刀柄参数】进入刀柄设置。

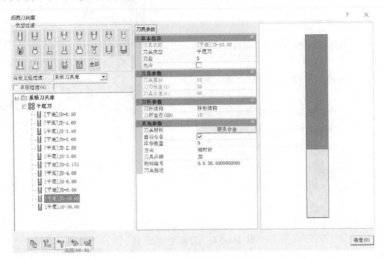

图2-4-12　创建加工刀具

3）如图2-4-13所示，根据现场使用的实际刀柄型号，选择系统刀柄库中的ER系列无风阻刀柄"HSK-A50-ER16-070S"，单击【确定】按钮。

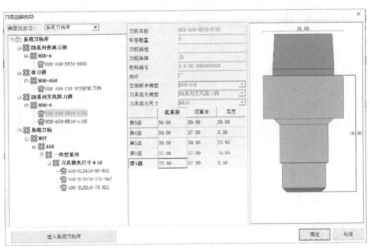

图2-4-13　刀柄型号选择

4）如图2-4-14所示，在"当前刀具"对话框中检查"刀具名称"为"［平底］JD-10.00"，"输出编号""长度补偿号""半径补偿号"一致，"刀具直径"为"10"，设置"刀具伸出长度"为"50"，单击【确定】按钮。

5）到"当前刀具表"对话框，［平底］JD-10.00刀具设置完成，单击【确定】按钮。根据工艺思路，以相同的方式创建其他刀具，如图2-4-15所示。这里需要注意的是，测头应根据现场测头直径进行选择，且一般放在刀库固定刀位。

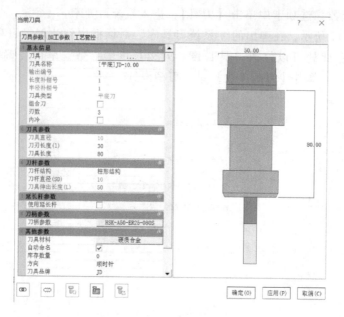

图 2-4-14 刀具参数设置

图 2-4-15 反面加工当前刀具表

任务 4.3 仿真加工编程

4.3.1 创建辅助线面

选择"辅助线"图层为当前图层，根据反面需要加工的特征绘制编辑路径时需要用到的加工辅助线，如图 2-4-16 所示。

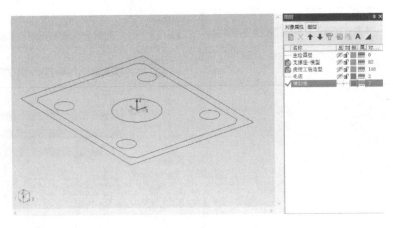

图 2-4-16　绘制辅助线

4.3.2　反面加工编程

1. 精铣底平面

在图层列表中显示"反面毛坯"图层并隐藏其他图层，单击毛坯外轮廓线，在加工模块中选择【项目向导】→【加工向导】，然后在"导航工作条"中选择【2.5轴路径】→【区域加工】→【确定】。

反面编程（一）

在弹出的"刀具路径参数"对话框中设置加工图形、加工刀具、主轴转速、进给速度、路径间距、轴向分层、下刀方式、走刀速度等参数，如图 2-4-17 所示。

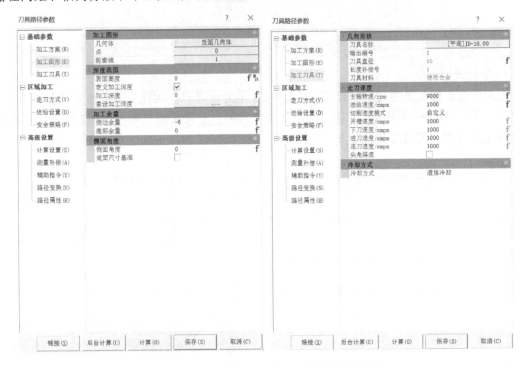

图 2-4-17　"精铣底平面"刀具路径参数设置

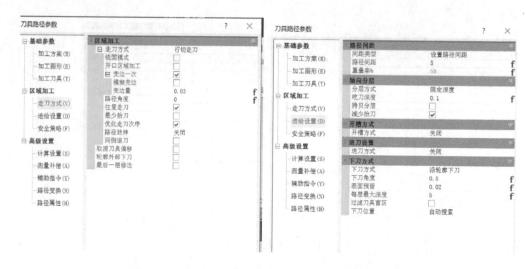

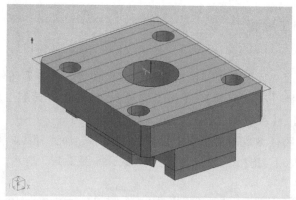

图 2-4-17 "精铣底平面"刀具路径参数设置（续）

2. 加工外轮廓

反面外轮廓加工采用【2.5 轴加工组】中的【轮廓切割】功能，【偏移方向】为向外，使用［平底］JD-10.00_HA50 刀具。为保证加工效果，也可采用开粗+精加工的方式。以外轮廓精加工为例，刀具路径参数设置如图 2-4-18 所示。

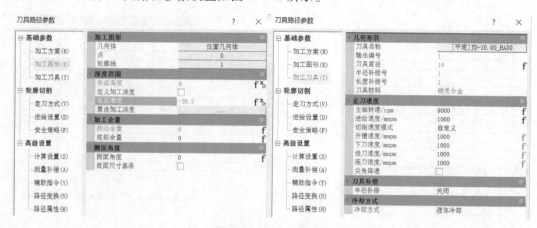

图 2-4-18 "外轮廓精加工"刀具路径参数设置

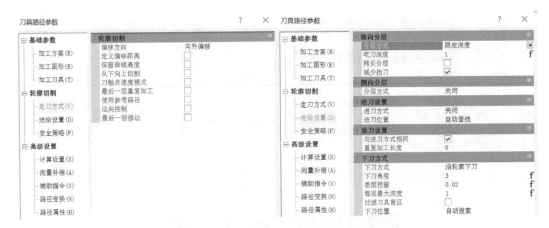

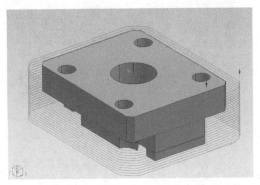

图 2-4-18　"外轮廓精加工"刀具路径参数设置（续）

操作提示：

1）在"加工图形"对话框中，深度范围设置表面高度为"0"，底面高度为"-20.2"，这样可保证整个外轮廓一次加工完成。

2）选择工件外轮廓线为加工轮廓线，由于"向外偏移"已经将刀具半径计算进去，且为精加工，因此设置侧边余量为"0"。

3. 加工沉孔

在【2.5 轴路径】中选择【轮廓切割】，选择工件沉孔轮廓线，在"刀具路径参数"对话框中设置深度范围、加工刀具、分层方式、主轴转速、进给速度、进刀方式、退刀方式、走刀速度等参数。以沉孔开粗为例，其刀具路径参数设置及生成路径如图 2-4-19 所示。

操作提示：

1）为保证加工效果，沉孔加工分为粗加工和精加工，粗加工侧壁和底部留 0.05mm 余量。

2）当使用轮廓切割对孔进行加工时，"偏移方向"应选择向内偏移。

4. 加工 ϕ6.5mm 孔

ϕ6.5mm 孔加工采用【2.5 轴加工组】中的【轮廓切割】功能，使用 [平底] JD-4.00_HA50 刀具。为保证加工效果，也可采用开粗+精加工的方式。以小孔开粗为例，刀具路径参数设置及刀具路径如图 2-4-20 所示。

反面编程（二）

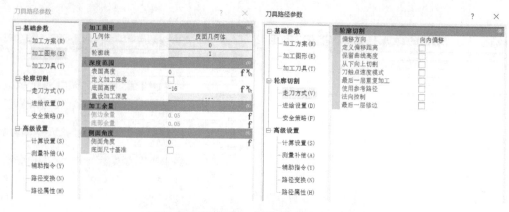

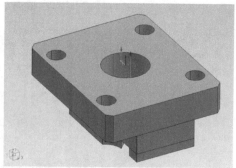

图 2-4-19 "沉孔"加工刀具路径参数设置

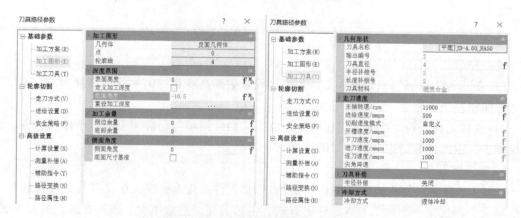

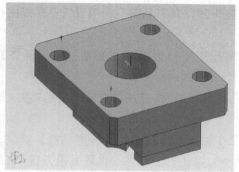

图 2-4-20 "小孔"开粗刀具路径参数设置

操作提示：

1）底面高度设置为"−10.5"，比小孔实际深度应稍大一些。

2）孔的加工也可以使用【扩孔】功能，但要注意应根据图样要求确定小孔的编程尺寸，如本任务小孔尺寸中心值为 6.525mm。

5. 加工倒角

倒角加工是利用锥度为 90°的大头刀将工件直角切削成 45°斜面的加工，可以达到工件去毛刺的工艺要求。由于支撑座模型上未绘制倒角，因此此处是过切。

操作提示：

1）倒角可以采用【2.5 轴加工组】中的【轮廓切割】功能。此处"偏移方向"设置为外轮廓-向外偏移，孔-向内偏移。轮廓倒角和孔倒角侧边余量均为负值，大小与倒角一致，因此同一高度的外轮廓倒角和孔倒角也应该分别加工。外轮廓倒角刀具路径参数设置如图 2-4-21 所示。

2）倒角也可以采用【特征加工组】中的【倒角加工】功能。"偏移方向"设置为向左偏移；曲线位置根据辅助线位置选择顶部、底部或角落。由于未绘制倒角，因此选择角落；倒角深度、宽度与图样一致，均为"0.2"。外轮廓倒角刀具路径参数设置如图 2-4-22 所示。

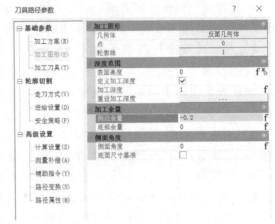

图 2-4-21　"外轮廓倒角"刀具路径参数设置（一）

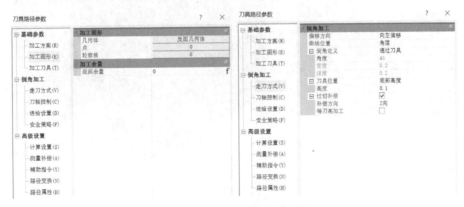

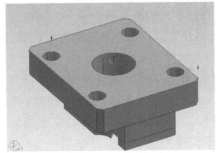

图 2-4-22　"外轮廓倒角"刀具路径参数设置（二）

4.3.3 正面加工编程

1.设置加工环境

正面加工环境的设置方法、流程与反面加工基本相同，不同点主要是工件的摆放形态、坐标系位置、工件角度的增加和中心测量及补偿。

1）打开 JDSoft-SurfMill 软件，新建精密加工曲面加工文档。在"导航工作条"中选择3D 造型模块，然后选择"文件"→"输入"→"三维曲线曲面"，选择 .igs 格式的"支撑座-模型"和"机用平口钳工装造型.igs"文件。新建 2 个图层，分别命名为"毛坯""辅助线"。"辅助线"图层用于放置正面加工所需的辅助线。

2）利用【变换】菜单下的【图形翻转】命令和【图形聚中】命令调整工件正面的图形位置，设置为正面朝上，X 轴方向中心聚中、Y 轴方向中心聚中、Z 轴方向底部聚中。

3）正面毛坯的实际形状如图 2-4-23 所示。上半部分为未加工毛坯面，下半部分为高度20.2mm 的已加工面。为了操作方便，可以将正面毛坯简化为 54mm×44mm×25mm 的长方体，如图 2-4-24 所示。毛坯与工件的位置关系如图 2-4-25 所示。

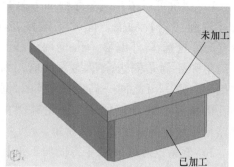

图 2-4-23　正面毛坯实际形状

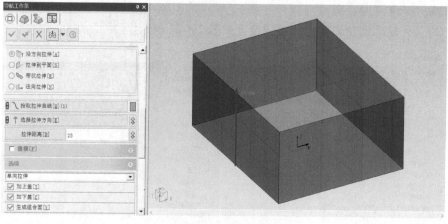

图 2-4-24　正面毛坯

4）正面模型与毛坯都执行过相同的图形居中命令，底面高度均为"0"，毛坯完全包裹工件。机用平口钳的夹持状态和位置以正面毛坯造型为准，通过使用指定高度的垫铁，使机用平口钳实际夹持高度为 4mm，如图 2-4-26 所示。

5）在"导航工作条"中选择加工模块，选择【项目向导】菜单栏下的【机床设置】指令，在弹出的对话框中选择机床类型为 3 轴，机床文件选择 JDHGT600T，机床输入文件格式选择 JD650 NC（As Eng650）。为方便在机床上的检查和编译路径，选择"ENG 设置扩展"→"子程序输出"→"子程序支持 T"。

6）选择【项目向导】菜单栏下的【创建几何体】命令，在"导航工作条"中设置名

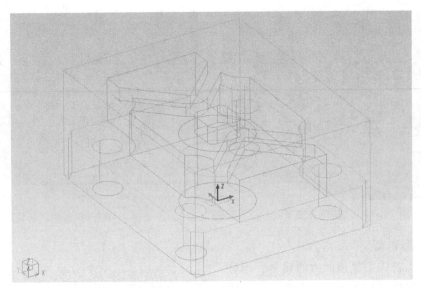

图 2-4-25　毛坯与工件的位置关系

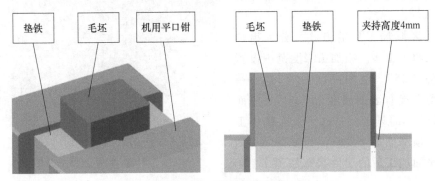

图 2-4-26　正面安装方案

称为"正面几何体"，然后根据"支撑座-模型""毛坯""机用平口钳工装模型"图层，依次编辑【工件设置】【毛坯设置】和【夹具设置】，拾取相应的"工件面""毛坯面"和"夹具面"。

7）选择【项目向导】菜单栏下的【几何体安装】命令，在"导航工作条"中，"正面几何体"的安装设置选择"几何体定位坐标系"，将正面几何体安装于 JDHGT600T 机床上，如图 2-4-27 所示。

2. 绘制加工辅助线

将图层列表中的"辅助线"图层设置为当前图层，根据正面加工需要绘制加工辅助线，如图 2-4-28 所示。

操作提示：

在通过【曲面边界线】等命令生成一些辅助线后，有时需要进行【曲线延伸】【曲线组合】等操作，以扩大加工区域，从而避免一些边角无法切削到的情况。此任务中，台阶面、槽辅助线均需要向外扩展。

正面编程辅助线

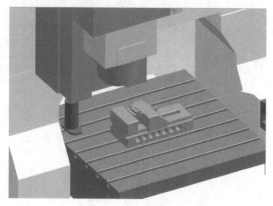

图 2-4-27　几何体安装

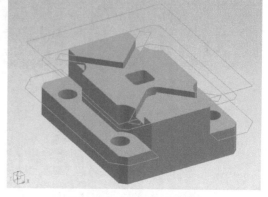

图 2-4-28　正面加工辅助线

3. 加工顶平面

正面加工首先去除顶面大的残料，用分中毛坯确定工件坐标系 X、Y 方向原点，以工件底面（垫铁顶面）确定工件坐标系 Z 方向原点。

采用【区域加工】的方式，分为粗加工和精加工两个工步。粗加工深度范围设置表面高度为"25"，底面高度为"20"；精加工深度范围设置表面高度为"20"，底面高度为"20"，即只走刀一次，去除精加工余量即可。顶平面加工刀具路径如图 2-4-29 所示，顶平面加工后的工件状态如图 2-4-30 所示。

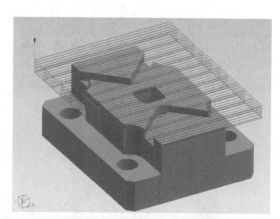

图 2-4-29　顶平面加工刀具路径

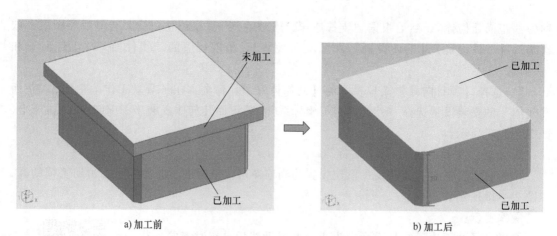

a) 加工前　　　　　　　　　　　　　　b) 加工后

图 2-4-30　顶平面加工后的工件状态

4. 建立补偿

去除顶面大的残料后，用分中工件的方式确定工件坐标系 X、Y 方向原点，从而更新工件坐标系数值。为了保证正面与反面坐标系 X、Y 方向原点完全一致，通过反面加工已经成形的外轮廓侧壁进行角度及中心测量补偿。

正面加工工件的角度及中心测量补偿步骤：

1）根据正面加工毛坯生成外轮廓线；

2）利用 3D 造型环境的【在机测量】→【曲线测量】，选择手动创建，选择生成的外轮廓线布置测量点，测量点布置如图 2-4-31 所示。

在机测量
建立补偿

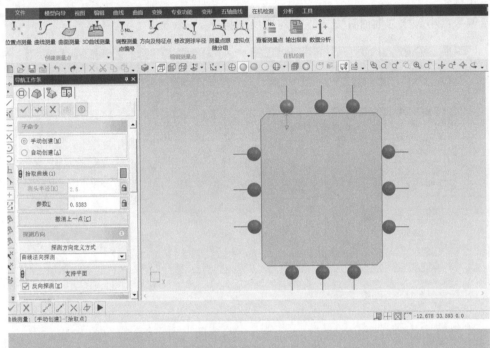

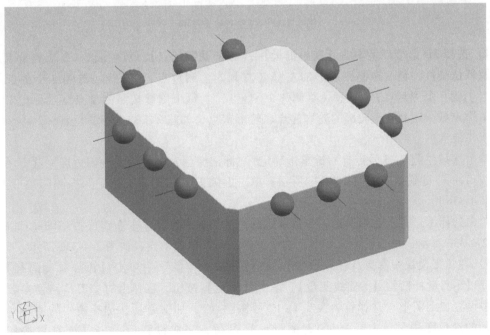

图 2-4-31　测量点布置

操作提示：

测头半径按照实际测头尺寸填写，此处为"2.5"。在辅助线上布点时，应尽量均匀。若测点方向不对，应勾选反向探测。

3）选择3D造型环境中的【在机测量】→【调整测量点编号】，"拾取测量点"选择生成的全部测量点，"拾取依据的曲线"选择生成的外轮廓线，"调整起始编号位置"选择左侧测量点的第一个。最终编号如图2-4-32所示。

操作提示：

若编号由小到大为顺时针方向，应勾选反向排序。

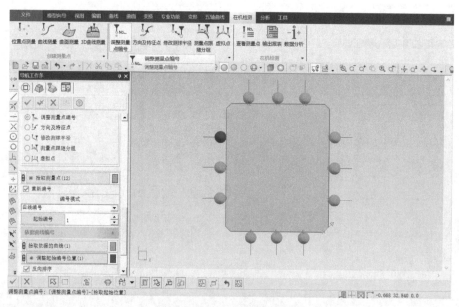

图 2-4-32　调整测量点编号

4）选择3D造型环境中的【在机测量】→【方向及特征点】，对生成的12个测量点进行方向及特征设置，包括探测四边形的左壁（左侧3个测量点）、右壁（右侧3个测量点）、上壁（上侧3个测量点）、下壁（下侧3个测量点）。每个侧壁按照测量点编号标记单边起点、单边末点，还有整个轮廓的轮廓起点、轮廓末点，如图2-4-33所示。

操作提示：

单击选择左侧1～3号点，右键单击确定，"标记探测方向"为探测四边形左壁，单击右键或按<Enter>键确认，如图2-4-33a所示；单击上侧10～12号点，标记为探测四边形上壁，如图2-4-33b所示。

单击选择1号点，右键单击，勾选单边起点、轮廓起点，单击右键或按<Enter>键确认，如图2-4-33c所示；单击选择3号点，右键单击，勾选单边末点，如图2-4-33d所示。

5）在加工模块中选择【任务设置】，在"导航工作条"中单击【添加检测路径】，依次选择【6-测量补偿】→【1-曲线测量】，单击【确定】按钮，在弹出的"刀具路径参数"对话框中设置加工图形（选择轮廓线及1～12号探测点），加工刀具（选择使用的测头）测量计算（勾选角度测量、中心测量），测量计算参数，完成设置后单击【计算】按钮，如图2-4-34所示。

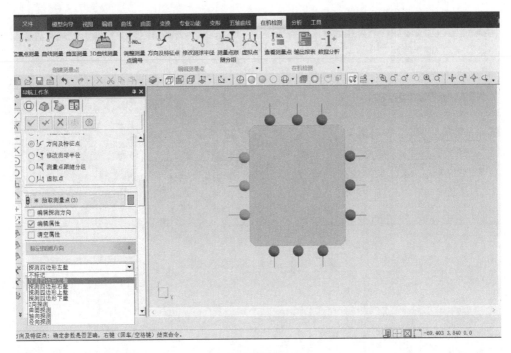

a) 设置左壁

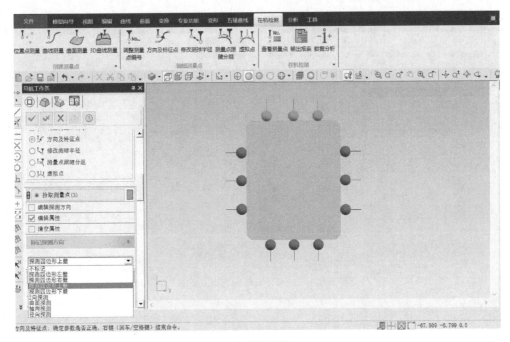

b) 设置上壁

图 2-4-33 设置方向及特征点

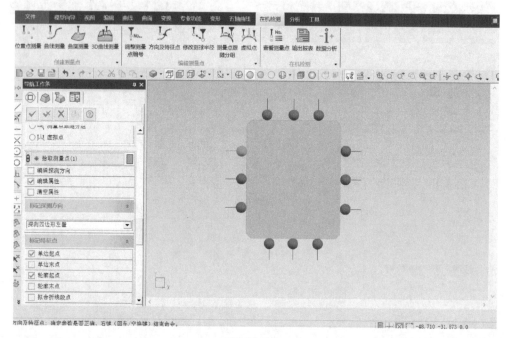

c) 设置1号点

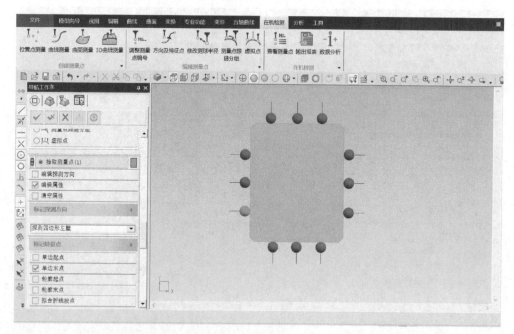

d) 设置3号点

图 2-4-33 设置方向及特征点（续）

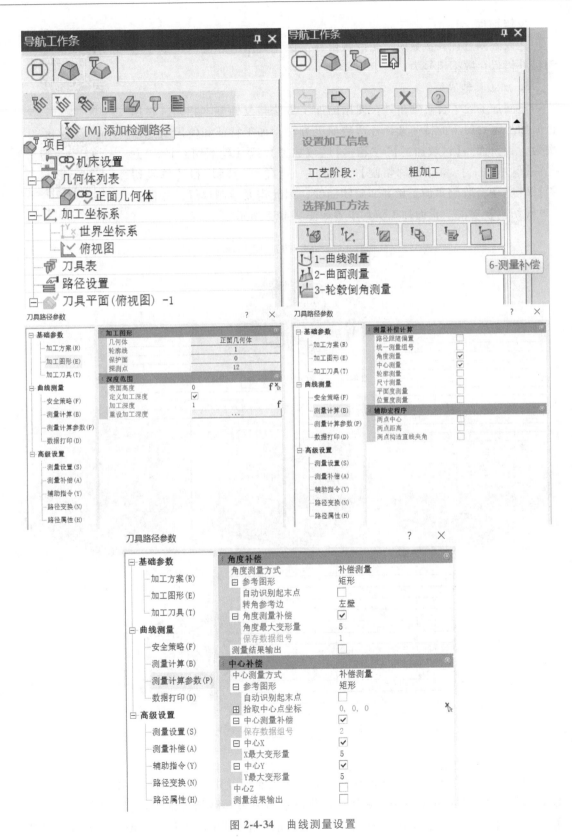

图 2-4-34 曲线测量设置

操作提示：

在设置测量计算参数时，角度测量补偿保存数据组号为"1"，中心测量补偿保存数据组号为"2"。

5. 加工其他表面

正面加工除了台阶倒角外，使用的加工方法与反面基本相同。根据正面加工需要加工的特征选择合适的加工方法，加工特征和使用功能依次为"台阶面→【区域加工】""槽→【区域加工】或【轮廓切割】""方孔→【区域加工】和【轮廓切割】""倒角→【轮廓切割】和【单线切割】"。其中台阶倒角加工域并非封闭曲线，因此需要绘制单线，并使用【单线切割】功能。正面加工仿真步骤如图 2-4-35 所示。

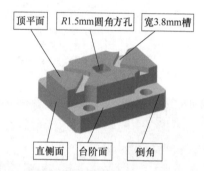

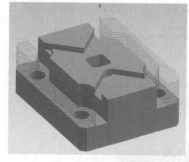
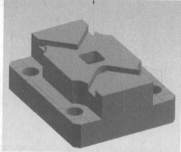

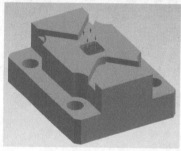
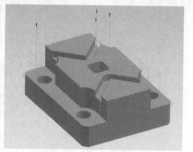

图 2-4-35　正面加工仿真步骤

操作提示：

1）在工件角度及中心测量补偿完成后，角度补偿及中心补偿有各自的保存数据组号，在后续所有加工程序中必须进行调用。调用设置为"刀具路径参数"→"高级设置"→"测量补偿"，"补偿方式"选择中心角度补偿，勾选角度测量和中心测量，并填写对应数据组号，如图 2-4-36 所示。

2）加工方孔。方孔轮廓线最小半径为 R1.5mm，理论上应选用半径小于 1.5mm 的刀具，所以使用［平底］JD-2.00 刀具进行加工。

3）加工台阶倒角。台阶倒角需要注意：倒角过程要避免与工件发生过切和干涉。在不过切、不干涉的前提下，倒角尽可能倒到台阶根部。台阶倒角加工域的创建方法如下：绘制或提取台阶边界线；为防止过切，截断 Y 方向曲线（截去 2mm），如图 2-4-37 所示。

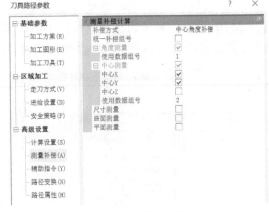

图 2-4-36　补偿调用

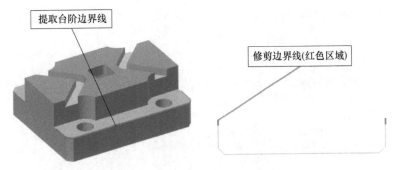

图 2-4-37　台阶倒角加工域

前、后台阶倒角加工域曲线的绘制方法相同，编程时使用【单线切割】功能，台阶倒角刀具路径如图 2-4-38 所示。编程中设置加工深度时如果表面高度为负值，应确定抬刀路径与工件、工装不产生过切和碰撞，可以通过参数界面中的【操作设置】调整"安全高度"和"相对定位高度"来保证路径的安全。

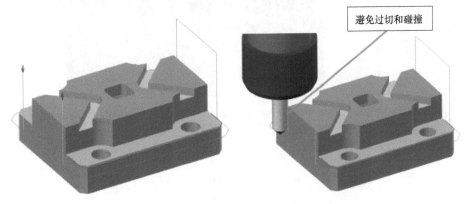

图 2-4-38　台阶倒角刀具路径

6. 在机测量

1）在"导航工作条"中单击【添加检测路径】→【3-元素】→【4-平面】→编辑测量域，

选择曲面自动或手动，选择需要布置探测的平面，布置如图 2-4-39 所示测量点，刀具选择直径 ϕ5mm 测针，取消勾选测量特征中的选项，在"测量补偿"→"补偿方式（中心角度补偿）"→"跟随测量中心找正"中使用数据组号改为"2"，命名测量程序为"平面1"。同理，

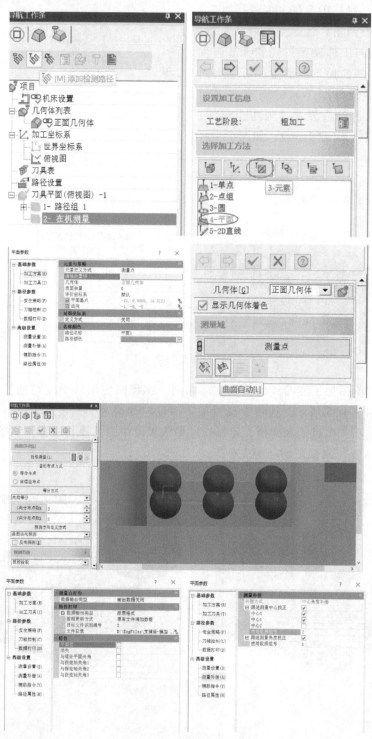

图 2-4-39　平面测量步骤

选择与平面1相对的平面进行测量，命名测量程序为"平面2"。

2）在"导航工作条"中单击【添加检测路径】→【5-评价】→【1-距离】，选择被测元素（平面1）和基准元素（平面2），根据图样要求设置"上公差"（0.05mm）和"下公差"（-0.05mm），命名测量程序为"尺寸10"，如图2-4-40所示。

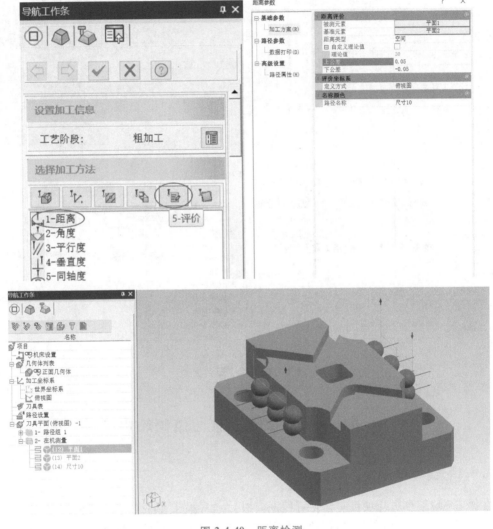

图2-4-40　距离检测

3）在"导航工作条"中单击【添加检测路径】→【3-元素】→【7-圆柱】→编辑测量域→拾取圆柱面→圆柱截面，设置参数如图2-4-41所示，在"测量补偿"→"补偿方式（中心角度补偿)"→"跟随测量中心找正"中，使用数据组号改为"2"，在测量特征中选择圆径，定义方式设置为"直径"，根据要求设置"上公差"和"下公差"，在测量进给中命名测量程序为"尺寸11"。

操作提示：

测量设置中测量进给一般默认即可，其中探测接近距离默认为2mm，测量外部轮廓时，该设置没有问题，但是测量小孔时，会出现过切等问题，因此此处改为1mm。

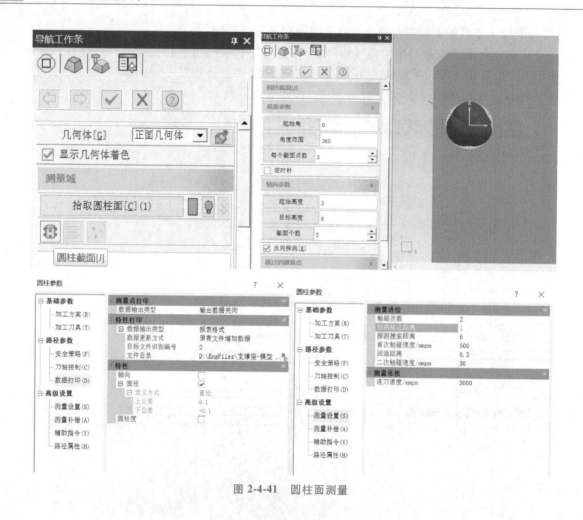

图 2-4-41 圆柱面测量

任务4.4 数字化验证与结果输出

4.4.1 线框模拟

在加工环境下单击【项目向导】→【线框模拟】，"导航工作条"进入线框模拟引导。单击【选择路径】按钮，弹出"选择路径"对话框，选择要进行线框模拟的路径，单击【确定】按钮返回。单击【开始】，软件开始以线框方式显示模拟路径加工过程，如图2-4-42所示。

4.4.2 实体模拟

在加工环境下单击菜单栏中的【项目向导】→【实体模拟】，"导航工作条"进入实体模拟引导。设置好模拟控制后在"导航工作条"单击【开始】，软件通过模拟刀具切削材料的方式模拟加工过程，如图2-4-43所示。

4.4.3 过切检查

在加工环境下单击【项目向导】→【过切检查】，在"导航工作条"中单击【过切检

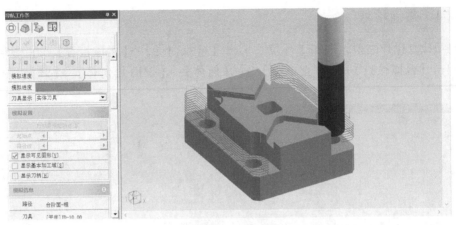

图 2-4-42   线框模拟

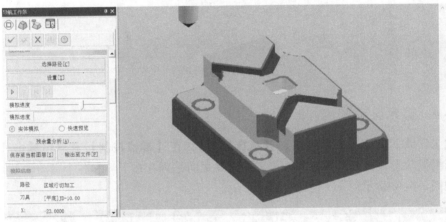

图 2-4-43   实体模拟

查】→【检查模型】→【几何体】→【正面几何体】→【开始检查】，检查路径是否存在过切现象，并弹出"检查结果"对话框，如图 2-4-44 所示。此处，台阶面倒角路径一定会显示过切，因为在工件模型中并没有绘制台阶面倒角。

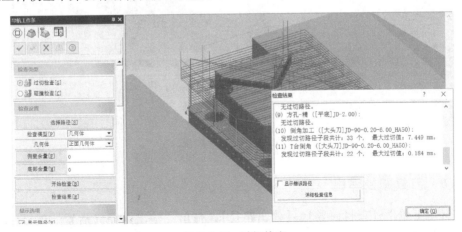

图 2-4-44   过切检查

4.4.4　碰撞检查

与过切检查操作类似，在加工环境下单击【项目向导】→【碰撞检查】，在"导航工作条"中单击【碰撞检查】→【检查模型】→【几何体】→【正面几何体】→【开始检查】，如图 2-4-45 所示。

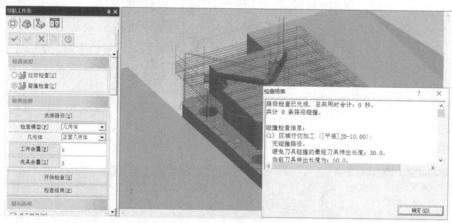

图 2-4-45　碰撞检查

4.4.5　机床模拟

在加工环境下单击【项目向导】→【机床模拟】，在【模拟控制】菜单中单击【开始】，进入机床模拟状态，检查机床各部件与工件夹具之间是否存在干涉和各个运动轴是否有超程现象，如图 2-4-46 所示。

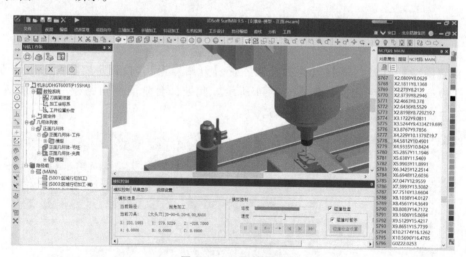

图 2-4-46　机床模拟

4.4.6　刀具路径输出

加工环境下单击【项目向导】→【输出路径】，弹出"输出路径（后置处理）"对话框。检查需输出的路径没有疏漏，输出格式选择 JD650 NC 格式，选择输出文件的名称和地址，单击【确定】按钮，完成输出，如图 2-4-47 所示，弹出路径输出成功提示。

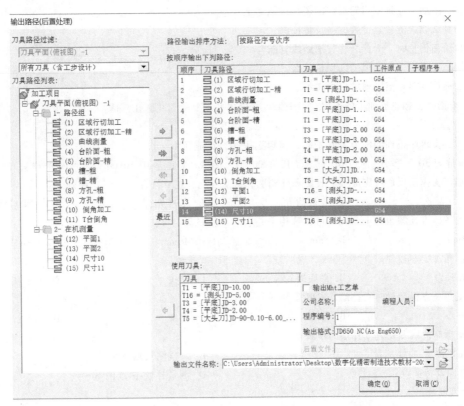

图 2-4-47　输出刀具路径

任 务 小 结

1）本任务介绍了仿真加工支撑座的方法和步骤。经过本任务的学习，应能够读懂 3 轴数控加工的工艺规程，同时会设计平面、轮廓类精密零件的工艺路线并编写工艺文件。

2）本任务需要通过在机测量进行位置补偿，从而实现正、反面对应。经过本任务的学习，应能够熟练地建立在机测量点，使用曲线测量建立中心角度补偿，并能够根据测量要素进行简单的测量点布置，进行在机测量。

3）经过本任务的学习，应能够正确理解并设置 CAM 软件中相关控制项，完成工件的加工编程，获得加工文件，能够对编制的加工路径进行仿真模拟和检查，并使用正确的后处理进行输出。

思　考　题

（1）讨论题

1）加工支撑座正面时用到了哪些刀具？

2）用大头刀倒角如何设置倒角宽度？

3）创建几何体与几何体安装的一般步骤是什么？

4) 加工支撑座正面时, 为什么使用曲线测量建立中心角度补偿?

5) 方孔的加工应该使用轮廓切割还是区域加工?

6) 为什么要给测量点设置方向及特征?

7) 台阶面倒角时, 为什么将其辅助线打断?

8) 线框模拟和实体模拟的区别是什么?

9) 如何选择路径后处理输出格式?

10) 反面加工和正面加工能否放在一个编程文件内? 需要建立几套几何体?

（2）选择题

1) 加工支撑座正面的两个 V 形槽时, 可以选用的刀具是 (   )。

A. 平底刀 JD-2.00   B. 平底刀 JD-4.00   C. 平底刀 JD-10.00   D. 球头刀

2) 加工支撑座反面时先加工上表面和外轮廓, 再加工孔, 主要符合 (   ) 原则。

A. 先主后次   B. 先面后孔   C. 基准先行   D. 先粗后精

3) 支撑座方孔圆角为 1.5mm, 可以选用平底 (   ) 的刀具加工。

A. 4mm   B. 8mm   C. 10mm   D. 3mm

4) 倒角加工一般使用 (   )。

A. 大头刀   B. 平底刀   C. 钻头   D. 球头刀

5) 支撑座在机测量建立补偿, 主要涉及 (   )。

A. 中心   B. 角度   C. 轮廓   D. 尺寸

6) 支撑座曲线测量建立补偿的步骤是 (   )。

A. 在机测量-曲线测量   B. 调整测量点及编号

C. 方向及特征点   D. 测量补偿-曲线测量

（3）判断题

1) 支撑座正、反面编程可以在一个文件中完成。(   )

2) 支撑座零件材料为 6061 铝合金, 可使用无涂层高速工具钢刀具切削。(   )

3) 在进行机床设置时, ENG 设置扩展, 应勾选子程序模式。(   )

4) 刀具的输出编号、长度补偿号、半径补偿号应一致。(   )

任务5

立体书签仿真加工

知识点介绍

通过本任务的学习根据工件合理设计工装、合理制定工艺路线，并能够熟练使用单线切割、分层区域粗加工、曲面精加工等仿真加工方法。

能力目标要求

1）学习 3 轴双面加工工件的工艺分析和工艺方案设计方法。

2）学会编写工艺文件，选择合适的设备、工具、参数等。

3）熟练掌握编程前准备，包括选择加工设备、加工方法和刀具，几何体设置，刀具表设置，安装几何体等。

4）理解并掌握 2.5 轴与简单 3 轴加工程序的编写方法，包括区域加工、轮廓切割、单线切割、钻孔、分层区域粗加工、曲面精加工。

5）理解并掌握碰撞检查、干涉检查、最小装刀长度计算方法。

6）学会运用线框、实体模拟对加工路径进行分析和优化。

任务 5.1　任 务 分 析

工艺方案

5.1.1　工艺分析

立体书签如图 2-5-1 和图 2-5-2 所示。工件整体较为规整，结构清晰明确，加工元素包含曲面、平面、不规则槽和倒角等，适合用 3 轴机床分正、反两面加工。

立体书签材料为 6061 铝合金，整体尺寸为 110mm×60mm×12.4mm，正面与反面结构整体一致，存在曲面与平面等特征。工件整体较为规整，加工特征少，结构简单。

5.1.2　加工方案

机床设备：根据工件材料和加工要求，综合选用 3 轴机床 JDHGT600T（P15SHA）进行加工。

加工方法：该工件整体形状狭长弯曲，单件去除余量大，选择排布由 1 个毛坯加工 2 个工件，既可节约用料，又可提高加工效率。另外，在毛坯上需要预先加工台阶孔，加工时，用螺钉将其锁紧在夹具上。工件正、反面特征整体一致，因此先加工正面或反面都可以。

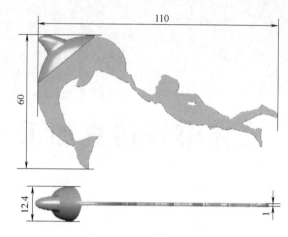

图 2-5-1　立体书签图样

a) 正面　　　　　　　　　　　　　　b) 反面

图 2-5-2　正、反面对比

　　加工刀具：立体书签材料为 6061 铝合金，因此选择无涂层的牛鼻刀、平底刀和大头刀进行加工。

5.1.3　加工工艺卡

　　根据加工要求形成相应加工工艺卡，见表 2-5-1。

表 2-5-1　立体书签加工工艺卡

序号	工步内容	刀具名称	吃刀深度 /mm	路径间距 /mm	主轴转速 /(r/min)	进给速度 /(mm/min)
1	书签平面开粗	牛鼻刀 JD-4.0-0.3	1	2	12000	3000
2	书签平面半精加工	平底刀 JD-4.00	7	2	12000	1000
3	头部半精加工	球头刀 JD-1.50	—	0.15	15000	1000
4	头部精加工	球头刀 JD-1.50	—	0.08	15000	1000
5	身体镂空	平底刀 JD-1.00	0.5	—	12000	1000
6	书签平面精加工	平底刀 JD-4.00	7	2	12000	1000
7	身体镂空倒角	大头刀 JD-90-0.1	0.5	—	8000	1000
8	外轮廓倒角	大头刀 JD-90-0.1	0.05	—	8000	1000
9	定位孔粗加工	平底刀 JD-4.00	0.5	—	10000	1000
10	定位孔精加工	平底刀 JD-4.00	1	—	10000	1000
11	书签反面开粗	平底刀 JD-8.00	1	4	8000	3000
12	书签反面半精加工	平底刀 JD-8.00	7	4	8000	2000
13	头部开粗	牛鼻刀 JD-4.0-0.3	0.7	1.5	10000	2000

（续）

序号	工步内容	刀具名称	吃刀深度/mm	路径间距/mm	主轴转速/(r/min)	进给速度/(mm/min)
14	头部半精加工	球头刀 JD-1.50	—	0.15	12000	1000
15	头部精加工	球头刀 JD-1.50	—	0.08	12000	800
16	书签反面精加工	平底刀 JD-8.00	7	4	9000	1000
17	轮廓倒角	大头刀 JD-90-0.1	0.08	—	10000	1000
18	身体镂空倒角	大头刀 JD-90-0.1	0.05	—	10000	1000
19	切断	平底刀 JD-1.00	—	0.15	15000	1000

5.1.4　装夹方案

工件正、反两面均需加工，选择在同一夹具上进行两次装夹连续加工，可避免加工过程中反复装卸夹具。夹具整体尺寸为 300mm×240mm×20mm，可排布两个工件。工装预先钻 M5 螺纹孔，与毛坯的台阶孔位置保持一致，配合螺钉装夹工件，另预加工定位销孔，以便于配合销轴实现两夹位毛坯定位，也减少反面加工误差。由于毛坯的已加工底面带有凸起曲面，还需要在夹具上预先加工仿形槽进行避让，以使两曲面最大程度贴合，提高装夹稳定性，如图 2-5-3 所示。

确定采用先加工反面、再加工正面的加工工序，毛坯整体尺寸为 170mm×75mm×15mm，夹具尺寸为 300mm×240mm×20mm，使用设计的工装可完成在同一夹具上的两工序加工。

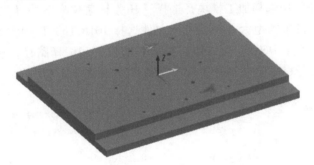

图 2-5-3　正、反面装夹工装

任务 5.2　数字化制造系统搭建

5.2.1　准备模型

编程加工准备

打开 JDSoft-SurfMill 软件，新建空白曲面加工文档。在"导航工作条"中选择 3D 造型模块，然后选择"文件"→"输入"→"三维曲线曲面"，在打开的对话框中选择造型中保存的 .igs 格式的"立体书签-模型 .igs""毛坯模型 .igs"和"工装模型 .igs"文件。

在图层列表中将相应的图层重命名为"正面"和"反面"，并将工件和毛坯命名为"正面工件""正面毛坯"，复制"正面工件""正面毛坯"并移动至"反面"下，命名为"反面工件""反面毛坯",如图 2-5-4 所示。

图层显示工件,其余显示关闭。利用【图形聚中】命令调整工装的图形位置,如图 2-5-5 所示,设置为工装朝上,X 轴方向与 Y 方向中心聚中、Z 轴方向顶部聚中。

利用【变换】菜单下的【图形翻转】和【图形聚中】命令调整图形位置,使相对关系明确,毛坯底部与工装的顶面对齐,毛坯完全包裹工件,如图 2-5-6 所示。

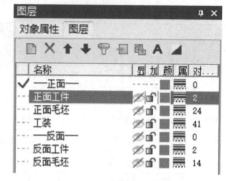

图 2-5-4　图层列表

图 2-5-5　图形位置调整

图 2-5-6　工件、毛坯、工装的位置关系

5.2.2　设置机床

在"导航工作条"中选择加工模块,选择【任务】菜单栏下的【机床设置】命令,在弹出的对话框中选择机床类型为 3 轴,机床文件选择 JDHGT600T(P15SHA),机床输入文件格式选择 Eng V6.50(JD50)。为方便在机床上的检查和编译路径,选择"输出设置"→"ENG 设置扩展"→"子程序模式"→"子程序支持 T",如图 2-5-7 所示。

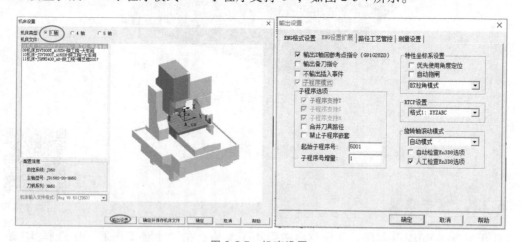

图 2-5-7　机床设置

5.2.3　创建几何体

选择【任务设置】菜单栏下的【几何体列表】命令,在"导航工作条"中设置名称

为"正面"，然后根据"正面工件""正面毛坯""工装"图层，依次编辑【工件设置】【毛坯设置】和【夹具设置】，拾取相应的"工件面""毛坯面"和"夹具面"，如图2-5-8所示。

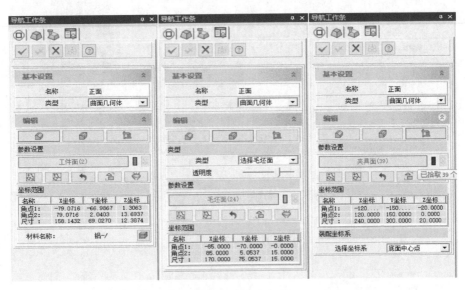

图 2-5-8　创建几何体

5.2.4　创建刀具

1）如图2-5-9所示，单击【刀具表】命令，在弹出对话框的左下方单击【添加刀具】按钮。

图 2-5-9　添加刀具

2）如图2-5-10所示，在弹出的"刀具创建向导"对话框中创建加工刀具，选择系统刀具库中的"［牛鼻］JD-4.00-0.30_HA50"刀具，单击【确定】按钮，进入刀柄设置。

3）如图2-5-11所示，选择系统刀具库中的"HSK-A50-ER16-070S"刀柄型号，单击【确定】按钮。

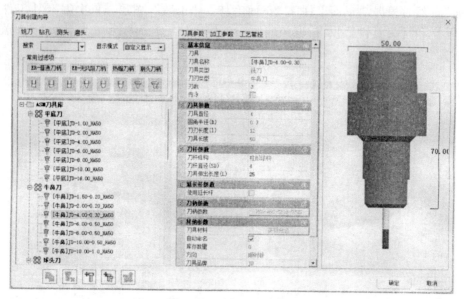

图 2-5-10　创建加工刀具

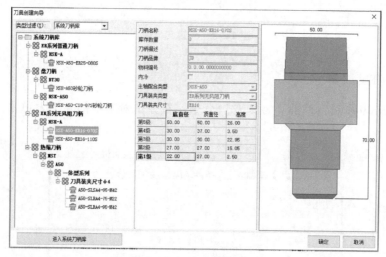

图 2-5-11　刀柄型号选择

4）如图 2-5-12 所示，在"当前刀具"对话框中检查"刀具名称"为"［牛鼻］JD-4.00-0.30"，"输出编号""长度补偿号""半径补偿号"一致，设置"刀具伸出长度"为"26"，单击【确定】按钮。

5）回到"当前刀具表"对话框，［牛鼻］JD-4.00-0.30 刀具设置完成，单击【确定】按钮。根据工艺思路，以相同的方式创建其他刀具，如图 2-5-13 所示。

5.2.5　安装几何体

选择【任务设置】菜单栏下的【几何体安装】命令，在"导航工作条"中，"反面几何体"安装设置选择"几何体定位坐标系"，如图 2-5-14 所示，将正面安装于 JDHGT600T（P15SHA）机床上。

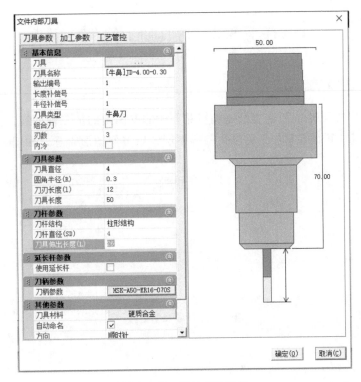

图 2-5-12 刀具参数设置

	刀具名称	刀柄	输出编号	长度补偿号	半径补偿号	备刀	加锁	使用次数	刀具伸出长度	刀组号	刀组使用T/H/D信息
	[牛鼻]JD-4.00-0.30	HSK-A50-ER16-070S	1	1	1			3	20	—	—
	[球头]JD-1.50	HSK-A50-ER16-070S	2	2	2			2	15	—	—
	[平底]JD-1.00	HSK-A50-ER16-070S	3	3	3			1	15	—	—
	[平底]JD-4.00	HSK-A50-ER16-070S	4	4	4			2	20	—	—
	[大头刀]JD-90-0.10-4.00	HSK-A50-ER16-070S	5	5	5			2	20	—	—

图 2-5-13 当前刀具表

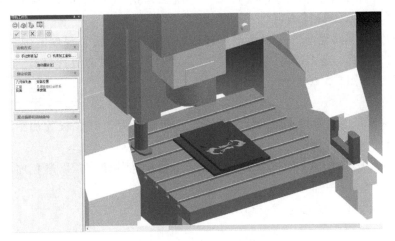

图 2-5-14 几何体安装

任务 5.3　仿真加工编程

5.3.1　创建辅助线面

根据反面需要加工的特征造型绘制编辑路径时需要用到的加工辅助线，并在图层列表中新建"正面提线""正面轮廓""定位孔"等图层，以方便图形管理，如图 2-5-15 所示。

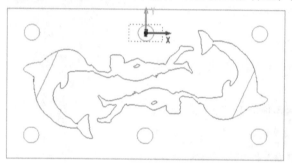

图 2-5-15　绘制辅助线

辅助线面创建

操作提示：

绘制加工辅助线的方法一般有两种：

1）直接绘制曲线，然后利用【平移】【图形对齐】等命令调整图形位置。

2）利用【曲线】菜单中的【曲面边界线】功能，直接根据曲面生成需要的曲线。

3 轴加工方法（一）分层区域粗加工、曲面残料补加工

5.3.2　正面加工编程

1. 书签平面开粗

在图层列表中显示"正面"图层并隐藏其他图层，在加工模块中选择【任务设置】→【加工路径向导】，然后在"导航工作条"中选择【3 轴路径】→【分层区域粗加工】→【确定】。

在弹出的"刀具路径参数"对话框中选择加工轮廓线，设置深度范围、加工余量、加工刀具、走刀速度、走刀方式、路径间距以及进刀方式，最后修改路径名称，如图 2-5-16 所示。

正面编程

操作提示：

1）加工深度范围设置表面高度为"15"，底面高度为"8"，设置加工余量为"0.15"。

2）选择外轮廓线为加工轮廓线，注意要选上台阶孔的轮廓，以避免加工过程中刀具与螺钉发生干涉。

3）其他刀具路径参数参考"立体书签编程"文件。

2. 书签平面半精加工

在图层列表中显示有关图层，并隐藏其他图层，在【2.5 轴路径】中选择【区域加工】。

3 轴加工方法（二）

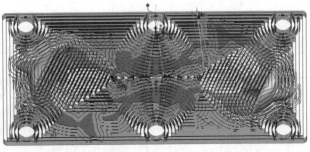

图 2-5-16 "书签平面开粗"刀具路径参数设置

在"刀具路径参数"对话框中选择加工轮廓线，设置深度范围、加工余量、加工刀具、走刀速度、走刀方式、路径间距以及进刀方式，最后修改路径名称，完成后生成刀具路径，如图 2-5-17 所示。

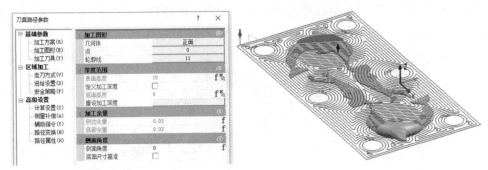

图 2-5-17 "书签平面半精加工"刀具路径参数设置

操作提示：

加工深度范围设置表面高度为"15"，底面高度为"8"，侧边余量、底部余量均设置为"0.03"。

3. 头部半精加工

对于曲面加工，可以选择【面精加工】，在加工模块中选择【任务设置】→【加工路径向导】，然后在"导航工作条"中选择【3轴路径】→【分层区域粗加工】→【确定】。

在"刀具路径参数"对话框中选择加工轮廓线，设置深度范围、加工余量、加工刀具、走刀速度、走刀方式、路径间距以及进刀方式，最后修改路径名称，完成后生成刀具路径，如图 2-5-18 所示。

操作提示：

1）加工深度范围设置表面高度为"15"，底面高度为"7"，边界补偿选择"自动向内"，边界余量设置为"-4.2"，加工面侧边、加工面底壁余量均设置为"0.03"。

2）走刀方式选择"角度分区（精）"，平坦区域走刀选择"平行截线（精）"，平行截线角度设置为"-115"。

4. 头部精加工

对于精加工的路径，可以参考半精加工的一些参数设定。右键单击复制"头部半精加工"路径。

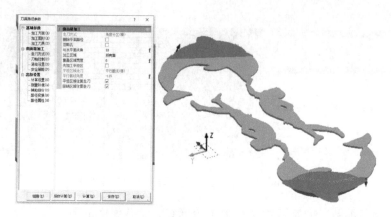

图 2-5-18　"头部半精加工"刀具路径参数设置

在"刀具路径参数"对话框中选择加工轮廓线，设置深度范围、加工余量、加工刀具、走刀速度、走刀方式、路径间距以及进刀方式，最后修改路径名称，完成后生成刀具路径，如图 2-5-19 所示。

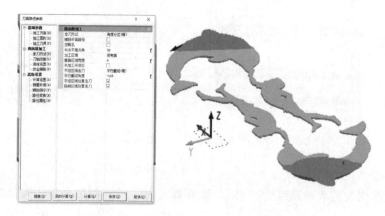

图 2-5-19　"头部精加工"刀具路径参数设置

操作提示：

1）半精加工设置的余量为"0.03"，精加工需要将余量清零。

2）精加工时，需要将路径间距调小点，以便得到好的表面效果。

5. 身体镂空

在图层列表中显示"身体镂空"图层并隐藏其他图层，在【2.5 轴路径】中选择【轮廓切割】。

在"刀具路径参数"对话框中选择加工轮廓线，设置深度范围、加工余量、加工刀具、走刀速度、走刀方式、路径间距以及进刀方式，最后修改路径名称，完成后生成刀具路径，如图 2-5-20 所示。

操作提示：

1）根据加工区域的大小以及形状，选择的刀具是"［平底］JD-1.00"。

2）轮廓切割加工孔实际轴向吃刀深度受多个参数影响，为保护刀具，需设置下刀方式为"沿轮廓下刀"，下刀角度为"0.5"，下刀角度越小，每层吃刀深度越小。在加工孔的过

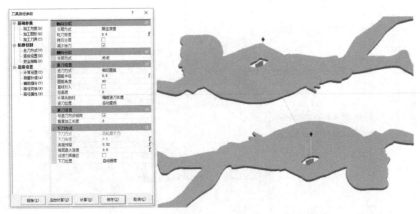

图 2-5-20　"身体镂空"刀具路径参数设置

程中需注意由于下刀角度过小而引起的每层吃刀深度过小问题。

6. 书签平面精加工

右键单击复制"书签平面半精加工"路径，移动复制的程序至最下层。

在"刀具路径参数"对话框中选择加工轮廓线，设置深度范围、加工余量、加工刀具、走刀速度、走刀方式、路径间距以及进刀方式，最后修改路径名称，完成后生成刀具路径，如图 2-5-21 所示。

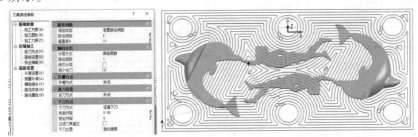

图 2-5-21　"书签平面精加工"刀具路径参数设置

操作提示：

1）结合加工形状以及加工刀具，走刀方式选择"环切走刀"的加工效率更高。

2）与粗加工一致，需要选择毛坯上台阶孔的最大轮廓线来进行避让，以免刀具与用于锁紧的螺钉发生干涉。

7. 身体镂空倒角

右键单击复制"身体镂空"路径。

在"刀具路径参数"对话框中选择加工轮廓线，设置深度范围、加工余量、加工刀具、走刀速度、走刀方式、路径间距以及进刀方式，最后修改路径名称，完成后生成刀具路径，如图 2-5-22 所示。

操作提示：

倒角加工是利用刀具侧刃切削材料，在加工刀具的刀具补偿中打开正向磨损，磨损值默认"0.1"，便于在机床上通过调整刀具磨损值来控制倒角的大小。

8. 外轮廓倒角

右键单击复制"身体镂空倒角"路径。

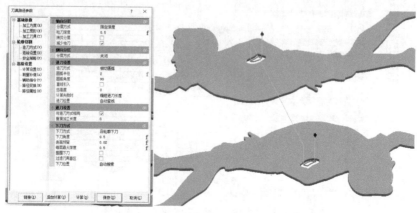

图 2-5-22 "身体镂空倒角"刀具路径参数设置

在"刀具路径参数"对话框中选择加工轮廓线，设置深度范围、加工余量、加工刀具、走刀速度、走刀方式、路径间距以及进刀方式，最后修改路径名称，完成后生成刀具路径，如图 2-5-23 所示。

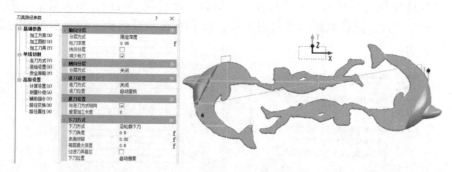

图 2-5-23 "外轮廓倒角"刀具路径参数设置

操作提示：

在正面进行外轮廓倒角时，要注意避免刀具在路径单线首末端发生过切。选取辅助线之前需要对单线运用【曲线打断】或【曲线裁剪】进行处理。

9. 定位孔粗加工

在图层列表中显示相关图层并隐藏其他图层，在【2.5 轴路径】中选择【轮廓切割】。

在"刀具路径参数"对话框中选择加工轮廓线，设置深度范围、加工余量、加工刀具、走刀速度、走刀方式、路径间距以及进刀方式，最后修改路径名称，完成后生成刀具路径，如图 2-5-24 所示。

操作提示：

1）为保证定位孔的精度，还需要进行精加工，粗加工时注意留余量。

2）设置定位孔加工深度时应该结合选用的定位销尺寸以及工装上的定位销深度进行设定。

10. 定位孔精加工

右键单击复制"定位孔粗加工"路径。

在"刀具路径参数"对话框中选择加工轮廓线，设置深度范围、加工余量、加工刀具、

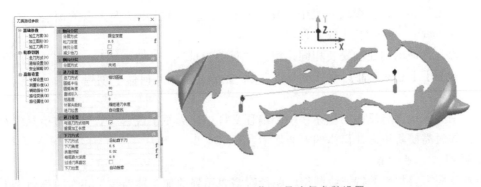

图 2-5-24　"定位孔粗加工"刀具路径参数设置

走刀速度、走刀方式、路径间距以及进刀方式，最后修改路径名称，完成后生成刀具路径，如图 2-5-25 所示。

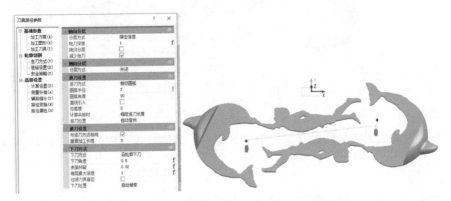

图 2-5-25　"定位孔精加工"刀具路径参数设置

操作提示：

1）定位孔需与定位销配合，孔的尺寸精度要求较高，需要打开【刀具补偿】→【半径补偿】中的"正向补偿"来适配加工，默认补偿值"0.1"。

2）因为定位孔的精度很高，为保证精加工后的孔不会偏大，建议侧边留余量，后续通过调整补偿值加工到位。

5.3.3　反面加工编程

1. 设置加工环境

工序 2 加工环境的设置方法、流程和工序 1 基本相同，不同点主要是工件的摆放形态、工装的造型和工件的位置。

关闭与"正面"相关图层，显示与"反面"相关图层。与正面装夹情况一致，反面工件与工装成一个吊装上、下结构关系，工装通过 2 个 φ6mm 定位销确保与工件的相对位置，并通过 6 个 M5 的螺钉锁紧工件，如图 2-5-26 所示。

反面编程

图 2-5-26　工件装夹

与正面毛坯相同，在图层列表中新建"反面毛坯"图层并设置为当前图层，绘制尺寸为 170mm×75mm×8mm 的长方体毛坯。

与正面几何体的创建和安装相同，根据"反面工件""反面毛坯""工装"图层依次编辑【工件设置】【毛坯设置】和【夹具设置】，完成"反面几何体"创建。

操作提示：

由于书签的正面与反面的程序在一个编程文件中，为便于观察与后续模拟仿真，在安装反面几何体时需要将正面几何体的安装取消。

2. 绘制加工辅助线

根据反面需要加工的特征绘制编辑路径时需要用到的加工辅助线，并在图层列表中新建"反面提线""反面轮廓""身体镂空"等图层，以方便图形管理，如图 2-5-27 所示。

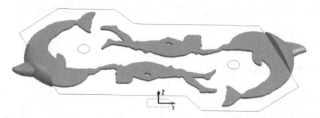

图 2-5-27　绘制加工辅助线

操作提示：

在绘制反面的加工辅助线时必须完全避开螺钉，需要辅助线限定加工范围，来对螺钉进行避让。

3. 加工编程

反面加工使用的加工方法与正面相同。根据工件反面需要加工的特征选择合适的加工方法，先整体加工开粗，再进行局部精加工，最终反面仿真加工完成，如图 2-5-28 所示。

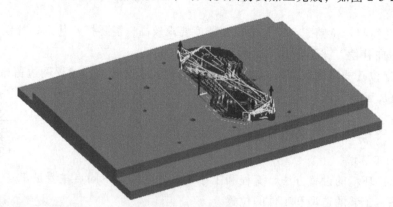

图 2-5-28　反面仿真加工

操作提示：

1）不仅需要避让螺钉，还需要避让定位销，需要注意有关轮廓的选取。

2）在进行反面加工时要注意精加工底部需要为切断留余量，避免工件在未完成其他特征的精加工时就与毛坯发生脱落。

3）由于存在两个几何体，在进行反面加工时，加工的几何体统一选择"反面"几何体。

5.3.4　切断编程

1. 编程前准备

切断需要在反面加工中进行，因此可以接着反面编程的模型、刀具和辅助线进行编程。

切断

2. 加工编程

在图层列表中显示有关图层并隐藏其他图层，在【2.5 轴路径】中选择【单线切割】。

在"刀具路径参数"对话框中选择加工轮廓线，设置深度范围、加工余量、加工刀具、走刀速度、走刀方式、路径间距以及进刀方式，最后修改路径名称，完成后生成刀具路径，如图 2-5-29 所示。

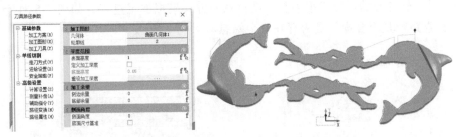

图 2-5-29　"切断"刀具路径参数设置

操作提示：

切断时需要注意底部余量留"0.05"，以避免加工过程中工件与毛坯发生分离。

任务 5.4　数字化验证与结果输出

5.4.1　线框模拟

在加工环境下单击【项目向导】→【线框模拟】，"导航工作条"进入实体模拟引导。单击【选择路径】按钮，弹出"选择路径"对话框，选择要进行线框模拟的路径，单击【确定】按钮返回。单击【开始】，软件开始以线框方式显示模拟加工过程，如图 2-5-30 所示。

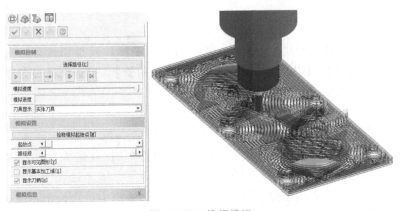

图 2-5-30　线框模拟

操作提示：

1）在线框模拟过程中按住鼠标滚轮不放，移动鼠标，可以动态观察加工过程。

2）单击【拾取模拟起点】按钮，可以通过拾取路径点位置设置路径模拟的初始位置。

3）在模拟环节，正面加工程序与反面加工程序分开模拟，由于是两个几何体，在模拟环节应该选取相应的几何体、加工程序等。

5.4.2 实体模拟

在加工环境下单击菜单栏中的【项目向导】→【实体模拟】，"导航工作条"进入实体模拟引导。单击【选择路径】按钮，弹出"选择路径"对话框，将编辑好的路径全部选择，单击【开始】，软件开始通过模拟刀具切削材料的方式模拟加工过程，如图 2-5-31 所示。编程人员可检查路径是否合理、是否存在安全隐患。

图 2-5-31　正面加工实体模拟

操作提示：

1）可通过拖动控制条设置模拟速度。

2）单击快速预览按钮，弹出快速仿真进度条，不再绘制机床运动动画，也不再实时显示当前仿真行，仿真结束或中断仿真，弹出仿真结果对话框。

5.4.3 过切检查

在加工环境下，选择需要模拟的路径，单击【项目向导】→【过切检查】，在"导航工作条"中单击【检查模型】→【几何体】→【正面】→【开始检查】，检查路径是否存在过切现象，并弹出"检查结果"对话框，如图 2-5-32 所示。

5.4.4 碰撞检查

与过切检查操作类似，在加工环境下，单击【项目向导】→【碰撞检查】，在"导航工作条"中选择加工路径、加工模型等，可检查刀具、刀柄等在加工过程中是否与模型发生碰撞，以保证加工过程的安全。在弹出的"检查结果"对话框中，会给出不发生碰撞的最短夹刀长度，以最优化备刀。

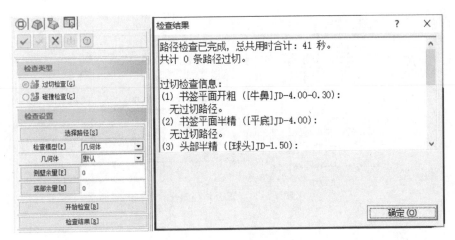

图 2-5-32　过切检查

5.4.5　机床模拟

在加工环境下，选择需要模拟的路径，单击【项目向导】→【机床模拟】，在"模拟控制"菜单中单击【开始】，进入机床模拟状态，检查机床各部件与工件夹具之间是否存在干涉及各运动轴是否有超程现象。当路径的过切检查、碰撞检查和机床仿真都完成并正确时，"导航工作条"中的路径安全状态显示为绿色，如图 2-5-33 所示。

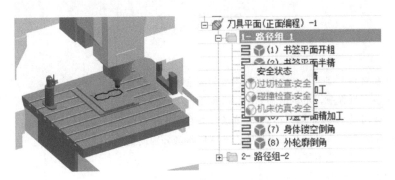

图 2-5-33　正面加工机床模拟

操作提示：

由于安装几何体有两个，在进行机床模拟时，只能模拟当前安装的几何体，即在正面程序机床模拟时安装正面几何体，反之亦然。

5.4.6　刀具路径输出

在加工环境下单击【输出路径】，左侧选择需要输出的程序，检查需输出的路径没有疏漏，输出格式选择 JD650 NC 格式，选择输出文件的地址，修改输出名称，单击【确定】按钮，完成输出，弹出路径输出成功提示，如图 2-5-34 所示。

操作提示：

在选择输出路径时，建议正面路径与反面路径分段输出，以便于机床加工。

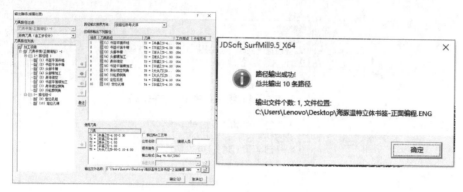

图 2-5-34　正面路径输出

任务小结

1）本任务介绍了加工立体书签的方法和步骤。通过本任务的学习，应能够根据工件特点安排加工工艺，选择并使用单线切割、轮廓切割、区域加工、分层区域粗加工和曲面精加工等常用加工方法。

2）通过熟悉以上几种常用加工方法，可自行设计任务并熟悉其他未介绍的加工方法的编程，如钻孔、分层区域粗加工、单线摆槽、区域修边等。

思 考 题

（1）讨论题

1）为什么要在夹具上加工出一个与工件图形相配合的仿形槽？

2）在工序 2 装夹过程中，定位销起到了什么作用？

3）在编程准备时是否可以不进行几何体安装？而在机床模拟时再安装几何体？

4）当辅助线很多时，有没有必要多建立一些图层将其分别放置？

5）在加工定位孔时，能不能一次加工到位？

6）在正面加工定位孔时，加工深度应该怎么设置才合适？

7）在切断时，为什么要留余量？不留行不行？

8）在进行线框模拟的过程中，模拟的速度能不能发生变化？

9）在实体模拟时，如何辨别不同刀具的切削路径？

10）进行机床模拟时，正、反面加工程序能不能一起模拟？

（2）选择题

1）在仿真加工编程准备中进行了（　　）操作。

A. 机床设置　　　　　B. 创建几何体　　　　　C. 创建刀具表　　　　　D. 几何体安装

2）进行仿真加工编程准备使用的主要是（　　）。

A. 曲面边界线　　　　B. 图形居中　　　　　　C. 曲面交线　　　　　　D. 曲面流线

3）如果用户要对加工参数进行修改，需要（　　）才支持加工参数的编辑。

A. 断开链接　　　　　B. 后台计算　　　　　　C. 取消

4）复制命令默认复制至该路径的（　　）。

A. 上方　　　　　　　B. 下方

5）在切断过程中使用的加工命令是（　　　）。

A. 轮廓切割　　　　B. 单线切割　　　　C. 区域加工

（3）判断题

1）定位销孔的作用是配合销实现二次装夹毛坯的定位，以减少加工误差。（　　　）

2）正面加工的过程中需要避免加工到用于固定的螺钉。（　　　）

3）在夹具上加工了螺纹孔，目的是配合螺钉装夹工件。（　　　）

4）在正面加工时，曲面需要用球头刀进行精加工。（　　　）

5）在反面加工过程中，精加工之前必须留加工余量。（　　　）

起落架支架仿真加工

知识点介绍

通过本任务的学习，要掌握以下内容：数控加工工艺规程、模型导入、图形聚中、生成提取三维曲线和编程辅助曲面、机床设置、刀具刀柄设置、几何体设置、建立标准视图和不同加工视角的工件坐标系、5轴定位加工编程（区域加工、轮廓切割、单线切割、钻孔）、3轴联动加工编程（曲面精加工）、在机检测（平面元素、距离）、机床模拟仿真、输出路径、输出工艺单。

能力目标要求

1）能够根据机械制图相关国家标准读懂零件图并提取工件的加工要求。

2）能够根据工件加工要求，使用CAD/CAM软件生成和提取三维曲线和编程辅助曲面。

3）能够使用CAD/CAM软件提取工件模型和建立毛坯。

4）能够读懂多轴数控加工的工艺规程，同时会设计3轴联动加工与多轴定位工艺路线，并编写工艺文件。

5）能够合理选择设备和工艺参数，实现工件的铣削、钻削。

6）能够按照工艺规程的要求选用零点定位系统装夹方案，并将夹具模型调入软件夹具库。

7）能够根据工艺文件在软件中建立加工用刀具库和为刀具库新建刀具。

8）能够建立标准视图和不同加工视角的工件坐标系，并在多坐标系下进行编程。

9）能够应用CAM软件内3轴联动、多轴定位的加工方法进行工件的精密加工仿真，并利用虚拟制造仿真技术精确计算装刀长度、进行干涉和碰撞检查。

10）能够根据工艺文件，使用不同的路径模板，集中生成加工程序，并根据合理制定的工艺单模板输出工艺单。

11）能够根据设备结构特点和数控系统正确选择后处理配置文件，并进行刀具路径的后处理。

12）能够合理应用软件布置测量点（直线、平面等元素）。

13）能够编写在机测量程序，进行尺寸（距离、圆径）测量，并输出检测报告。

任务6.1 任务分析

6.1.1 工艺分析

起落架支架零件图如图2-6-1所示。工件材料为6061铝合金，整体尺寸

工艺分析

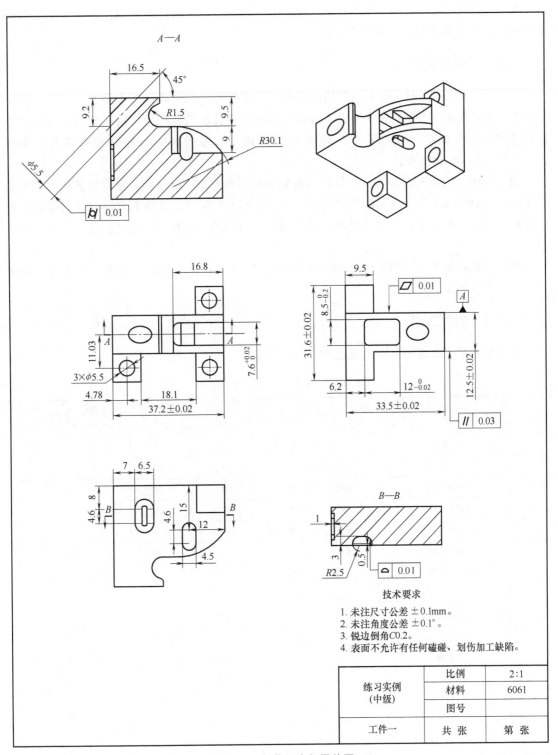

图 2-6-1 起落架支架零件图

为 31.6mm×37.2mm×33.5mm，结构以孔、槽、台阶面为主。左、右侧面主要有平面、凸台、封闭槽和凹槽结构；顶面包含 φ5.5mm 斜孔、圆弧斜面和 16.8mm×7.6mm 圆弧凹槽；

后面有平面和 8.5mm×12mm 环形槽。工件整体较为规整，结构清晰明确，整体长宽、右侧面凹槽、后面环形槽尺寸精度要求较高。

6.1.2　加工方案

由图 2-6-1 的俯视图中可看到右侧面凹槽、顶面斜孔、右侧面封闭槽等加工元素，使用 3 轴机床加工会导致工序较多，装夹不方便等问题，而且加工斜孔用 3 轴机床时，确定斜孔位置及装夹是个难题，因此采用 5 轴机床进行加工。根据机床行程和现有配备，选择 JDGR400_A13S 5 轴机床。

加工方法：整体长宽、后面环形槽和右侧面的凹槽及 ϕ5.5mm 斜孔精度需要保证；未注尺寸公差为 ±0.1mm，未注角度公差为 ±0.1°；锐边倒角 C0.2；表面不允许有任何磕碰、划伤等加工缺陷。根据工件的几何特征，分左视图、右视图、后视图、俯视图建立局部坐标系加工工件。

加工刀具：起落架支架材料为 6061 铝合金，因此选择无涂层的平底刀、大头刀、球头刀、钻头进行加工。

6.1.3　加工工艺卡

根据加工要求形成相应加工工艺卡，见表 2-6-1。

表 2-6-1　起落架支架加工工艺卡

序号	工步内容	刀具名称	主轴转速 /(r/min)	进给速度 /(mm/min)	吃刀深度 /mm	路径间距 /mm
1	左侧面粗加工	平底刀 JD-6.00	8000	3000	0.5	4
2	左侧面精加工	平底刀 JD-6.00	10000	2000	0.5	4
3	平面粗加工	平底刀 JD-6.00	8000	3000	0.5	4
4	平面精加工	平底刀 JD-6.00	10000	2000	0.5	4
5	封闭槽粗加工	平底刀 JD-4.00	10000	2000	0.3	—
6	封闭槽精加工	平底刀 JD-4.00	10000	1000	0.3	—
7	顶面外轮廓粗加工	平底刀 JD-6.00	8000	3000	0.5	—
8	顶面外轮廓精加工	平底刀 JD-6.00	10000	2000	0.5	—
9	外轮廓粗加工	平底刀 JD-6.00	8000	3000	0.5	—
10	外轮廓精加工	平底刀 JD-6.00	10000	2000	0.5	—
11	外轮廓倒角	大头刀 JD-90-0.20-6.00	12000	2000	—	—
12	凸台倒角	大头刀 JD-90-0.20-6.00	12000	2000	—	—
13	右侧面粗加工	平底刀 JD-6.00	8000	3000	0.5	4
14	右侧面精加工	平底刀 JD-6.00	10000	1000	0.5	4
15	右侧台阶面粗加工	平底刀 JD-6.00	8000	3000	0.5	4
16	右侧台阶面精加工	平底刀 JD-6.00	10000	2000	0.5	4
17	凹槽加工	球头刀 JD-4.00	12000	2000	—	0.06
18	右顶面外轮廓粗加工	平底刀 JD-6.00	8000	3000	0.5	—

（续）

序号	工步内容	刀具名称	主轴转速 /(r/min)	进给速度 /(mm/min)	吃刀深度 /mm	路径间距 /mm
19	右顶面外轮廓精加工	平底刀 JD-6.00	10000	2000	0.5	—
20	右外轮廓倒角	大头刀 JD-90-0.20-6.00	12000	2000	—	—
21	右凸台倒角	大头刀 JD-90-0.20-6.00	12000	2000	—	—
22	环形槽粗加工	平底刀 JD-2.00	10000	2000	0.4	1
23	环形槽精加工	平底刀 JD-2.00	12000	1000	0.4	1
24	斜孔定心	钻头 JD-4.00	6000	200	0.6	—
25	钻斜孔	钻头 JD-5.5	6000	200	0.6	—
26	圆弧凹槽粗加工	平底刀 JD-4.00	10000	2000	0.4	2
27	圆弧凹槽精加工	平底刀 JD-4.00	12000	1000	0.4	2
28	ϕ5.5mm 孔定心	钻头 JD-4.00	6000	200	0.6	—
29	钻 ϕ5.5mm 孔	钻头 JD-5.5	6000	200	0.6	—
30	孔倒角	大头刀 JD-90-0.20-6.00	10000	2000	—	—

6.1.4 装夹方案

毛坯装夹示意图如图 2-6-2 所示。4 个 M5 螺纹孔的锁紧位置可以提供锁紧力，同时保证工件外轮廓加工时需要的空间。

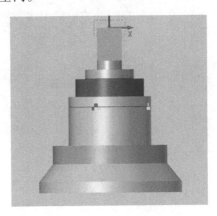

图 2-6-2 毛坯装夹示意图

任务6.2 数字化制造系统搭建

6.2.1 准备模型

启动 JDSoft-SurfMill 软件，新建加工文件，在 3D 造型环境下，单击"文件"→"输入"→"三维曲线曲面"→"起落架支架.igs"和"夹具.igs"，如图 2-6-3 所示，导入成功后将其保存、命名为"起落架支架"。

编程加工准备

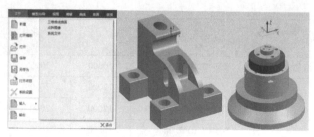

图 2-6-3　三维模型导入

根据工艺规划，以毛坯中心为 X/Y 向零点，毛坯上表面为 Z 向零点，对工件及毛坯在软件中的编程位置进行调整，确定编程原点。

在 3D 造型环境下，单击【变换】→【图形聚中】命令，使工件在 X 轴/Y 轴方向上中心聚中，在 Z 轴方向上顶部聚中，并根据毛坯和夹具实际位置进行夹具模型的位置调整，如图 2-6-4 所示。

6.2.2　设置机床

在加工环境中双击左侧导航栏中的【机床设置】按钮，选择机床类型为"5 轴"，单击机床文件，选择机床为"JDGR400_A13S"，选择机床输入文件格式为"JD650 NC（As Eng650）"，设置完成后单击【确定】按钮，如图 2-6-5 所示。

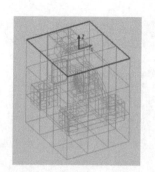

图 2-6-4　毛坯与夹具位置调整

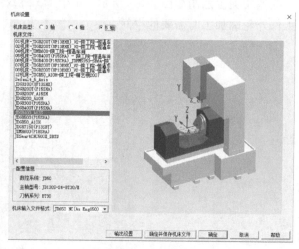

图 2-6-5　机床设置

6.2.3　创建刀具

在加工环境中双击左侧导航栏中的【刀具表】按钮 刀具表，依次添加需要使用的刀具。图 2-6-6 所示为本任务所使用刀具组成的当前刀具表。

6.2.4　创建几何体

选择毛坯尺寸为 35mm×40mm×45mm，在 3D 造型环境下绘制毛坯轮廓线，如图 2-6-7 所示，并应用拉伸面命令对此轮廓线拉伸 45mm，形成毛坯三维模型。

刀具名称	刀柄	输出编号	长度补偿号	半径补偿号	备刀	加锁	使用次数	刀具伸出长度	刀组号	刀组使用T/H/D/信
[平底]JD-6.00_BT30	BT30-ER25-060S	1	1	1			14	30	—	—
[平底]JD-4.00_BT30	BT30-ER25-060S	2	2	2	!		4	26	—	—
[平底]JD-2.00_BT30	BT30-ER25-060S	3	3	3	!		4	25	—	—
[钻头]JD-5.50_1	BT30-ER11M-80S	4	4	4	!		2	55	—	—
[钻头]JD-4.00	BT30-ER11M-80S	5	5	5	!		2	27	—	—
[测头]JD-4.00	BT30	6	6	6	!		9	50	—	—
[球头]JD-4.00_BT30	BT30-ER25-060S	7	7	7	!		1	20	—	—
[大头刀]JD-90-0.20-6.00_BT30	BT30-ER25-060S	8	8	8	!		5	30	—	—

图 2-6-6　当前刀具表

1）工件设置：工件设置界面中选择起落架支架三维模型。

2）毛坯设置：在毛坯设置界面中选择类型为轮廓线，选择毛坯轮廓线，拾取上边界点为坐标原点，下边界点位于毛坯三维模型最低点。

3）夹具设置：在夹具设置界面，选择夹具面为图 2-6-8 所示"夹具-起落架支架"三维模型。

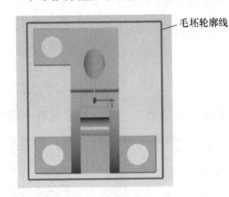

图 2-6-7　毛坯轮廓线

图 2-6-8　夹具-起落架支架三维模型

6.2.5　建立工件（加工）坐标系

右键单击"加工坐标系"，选择"快速定义"选项，分别添加"前/后/左/右/底/俯视图"坐标系，如图 2-6-9 所示。

通过选择"提取孔中心线"选项，选取斜孔面，生成斜孔中心线。右键单击"加工坐标系"，选择"新建"选项，弹出如图 2-6-10 所示对话框，选择"定义法平面"选项，首先拾取创建的孔中心线，然后拾取线段端点，工件坐标系创建成功。

图 2-6-9　快速定义"加工坐标系"

图 2-6-10　创建工件（加工）坐标系

6.2.6 安装几何体

安装几何体是对工件进行摆正，确定工件在机床上的安装方向，确定工件（加工）坐标系等。只有创建了几何体后才能进入几何体安装。该功能主要用于后续机床模拟时判断机床、刀具、工件和夹具之间是否发生干涉、碰撞。

工件几何体设置完成后，单击【任务设置】→【几何体安装】，根据实际情况调整几何体在机床中的位置（使用5轴机床时通常将几何体放在转台中心，使用和调整更加方便），如图2-6-11所示。

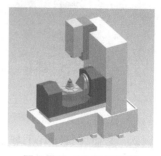

图 2-6-11 几何体安装

任务6.3 仿真加工编程

6.3.1 创建辅助线面

根据工件需要加工的特征绘制编辑路径时需要用到的加工辅助线，并在图层列表中新建各加工所需图层，以方便图形管理，如图2-6-12所示。

6.3.2 建立工件位置补偿

新建"工件位置补偿"路径组，右键单击路径组，选择【路径向导】→【在机测量组】→【平面】，布置起落架支架工件位置补偿测量点。

1. 俯视图测量点

选择【在机测量组】→【平面】→【编辑测量域】→【曲面自动】，拾取毛坯上表面，布置如图2-6-13所示在机测量点，并取消勾选测量特征中的选项，命名测量程序为"俯视图"。

工件坐标补偿

图 2-6-12 加工所需图层

图 2-6-13 俯视图测量点

2. 前/后/左/右视图测量点

选择【在机测量组】→【平面】→【编辑测量域】→【曲面自动】，拾取左视图平面，布置如图2-6-14所示左视图在机测量点，并取消勾选测量特征中的选项，命名测量程序为"左视图"。

　　复制左视图在机测量程序，编辑测量域，选择测量点界面左下角的编辑命令，重新选择前/后/右视图平面，编辑测量点，如图 2-6-15 所示。

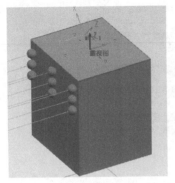

图 2-6-14　左视图在机测量点

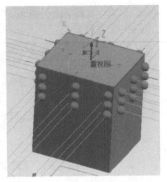

图 2-6-15　前/后/右视图测量点

　　3. 计算 X/Y 方向中心坐标值

　　选择在机测量组中的对称元素，并将路径命名为 X 坐标，在对称元素路径参数中，元素 1 选择"左视图"，元素 2 选择"右视图"。按同样的方法，计算矩形 Y 中心坐标，如图 2-6-16 所示。

图 2-6-16　中心 X/Y 坐标计算

　　4. 建立工件位置偏差

　　选择在机测量组中的"工件位置偏差"选项，在工件位置偏差创建方式中选择"自定义"，并按图 2-6-17 所示参数进行各选项的设置。

图 2-6-17　工件位置偏差设置

6.3.3　左视图加工编程

　　1. 左侧面粗加工

　　在加工模块中选择【项目向导】→【加工向导】，然后在"导航工作条"中选择【2.5 轴路径】→【区域加工】→【确定】。

左视图编程

在弹出的"刀具路径参数"对话框中设置加工图形、刀具、主轴转速、进给速度、路径间距、轴向分层、下刀方式、走刀速度等参数，如图 2-6-18 所示。

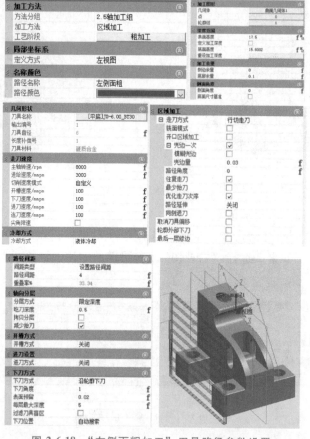

图 2-6-18 "左侧面粗加工"刀具路径参数设置

2. 左侧面精加工

1）复制"左侧面粗加工"路径，进入刀具路径参数设置界面。

2）加工图形：底部余量改为"0"。

3）加工刀具：主轴转速改为"10000"，进给速度改为"2000"。

4）单击【计算】按钮，计算完成后弹出当前路径计算结果。

5）修改路径名称为"左侧面精加工"。

3. 平面粗加工

选择【2.5 轴路径】→【区域加工】→【确定】，在弹出的"刀具路径参数"对话框中设置加工图形、刀具、主轴转速、进给速度、路径间距、轴向分层、下刀方式、走刀速度等参数，如图 2-6-19 所示。

4. 平面精加工

1）复制"平面粗加工"路径，进入刀具路径参数设置界面。

2）加工图形：加工余量改为"0"。

3）加工刀具：主轴转速改为"10000"，进给速度改为"2000"。

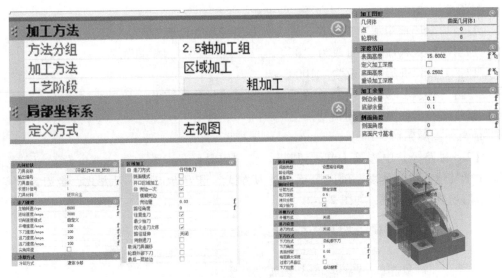

图 2-6-19　"平面粗加工"刀具路径参数设置

4）单击【计算】按钮，计算完成后弹出当前路径计算结果。

5）修改路径名称为"平面精加工"。

5. 封闭槽粗加工

在【2.5轴路径】中选择【轮廓切割】，在"刀具路径参数"对话框中设置加工范围、刀具、主轴转速、进给速度、轴向分层、进刀方式、退刀方式、下刀方式、走刀速度等参数，完成后生成刀具路径，如图 2-6-20 所示。

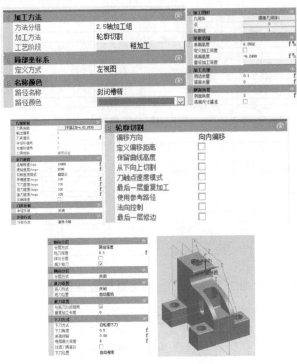

图 2-6-20　"封闭槽粗加工"刀具路径参数设置

6. 封闭槽精加工

1）复制"封闭槽粗加工"路径，进入刀具路径参数设置界面。

2）加工图形：将加工余量改为"0"。

3）加工刀具：进给速度改为"1000"。

4）单击【计算】按钮，计算完成后弹出当前路径计算结果。

5）修改路径名称为"封闭槽精加工"。

7. 顶面外轮廓粗加工

在【2.5 轴路径】中选择【单线切割】，在"刀具路径参数"对话框中设置加工范围、刀具、主轴转速、进给速度、轴向分层、进刀方式、退刀方式、下刀方式、走刀速度等参数，完成后生成刀具路径，如图 2-6-21 所示。

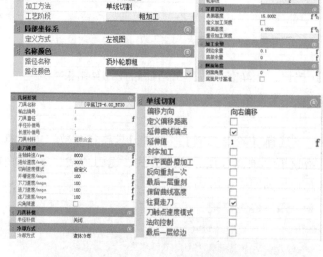

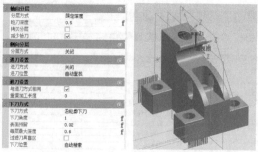

图 2-6-21　"顶面外轮廓粗加工"刀具路径参数设置

8. 顶面外轮廓精加工

1）复制"顶面外轮廓粗加工"路径，进入刀具路径参数设置界面。

2）加工图形：将加工余量改为"0"。

3）加工刀具：主轴转速改为"10000"，进给速度改为"2000"。

4）单击【计算】按钮，计算完成后弹出当前路径计算结果。

5）修改路径名称为"顶面外轮廓精加工"。

9. 外轮廓粗加工

在【2.5轴路径】中选择【单线切割】，在"刀具路径参数"对话框中设置加工范围、刀具、主轴转速、进给速度、轴向分层、进刀方式、退刀方式、下刀方式、走刀速度等参数，完成后生成刀具路径，如图2-6-22所示。

图 2-6-22 "外轮廓粗加工"刀具路径参数设置

10. 外轮廓精加工

1）复制"外轮廓粗加工"路径，进入刀具路径参数设置界面。

2）加工图形：将加工余量改为"0"。

3）加工刀具：主轴转速改为"10000"，进给速度改为"2000"。

4）单击【计算】按钮，计算完成后弹出当前路径计算结果。

5）修改路径名称为"外轮廓精加工"。

11. 外轮廓倒角

在【2.5轴路径】中选择【单线切割】，在"刀具路径参数"对话框中设置加工范围、刀具、主轴转速、进给速度、轴向分层、进刀方式、退刀方式、下刀方式、走刀速度等参数，完成后生成刀具路径，如图2-6-23所示。

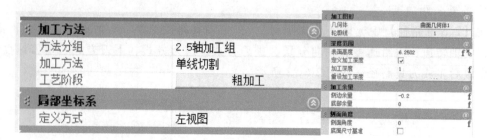

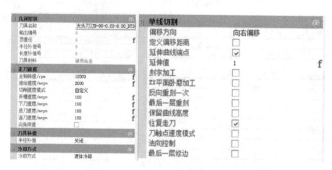

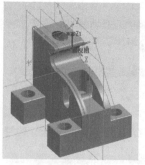

图 2-6-23 "外轮廓倒角"刀具路径参数设置

12. 凸台倒角

在【2.5 轴路径】中选择【单线切割】，在"刀具路径参数"对话框中设置加工范围、刀具、主轴转速、进给速度、轴向分层、进刀方式、退刀方式、下刀方式、走刀速度等参数，完成后生成刀具路径，如图 2-6-24 所示。

6.3.4 右视图加工编程

1. 右侧面粗加工

右视图编程

在"导航工作条"中选择【2.5 轴路径】→【区域加工】→【确定】，在弹出的"刀具路径参数"对话框中设置加工图形、刀具、主轴转速、进给速度、路径间距、轴向分层、下刀方式、走刀速度等参数，如图 2-6-25 所示。

2. 右侧面精加工

1）复制"右侧面粗加工"路径，进入刀具路径参数设置界面。

2）加工图形：加工余量改为"0"。

3）加工刀具：主轴转速改为"10000"，进给速度改为"2000"。

图 2-6-24 "凸台倒角" 刀具路径参数设置

图 2-6-25 "右侧面粗加工" 刀具路径参数设置

4）单击【计算】按钮，计算完成后弹出当前路径计算结果。

5）修改路径名称为"右侧面精加工"。

3. 右侧台阶面粗加工

在"导航工作条"中选择【2.5轴路径】→【区域加工】→【确定】，在弹出的"刀具路径参数"对话框中设置加工图形、刀具、主轴转速、进给速度、路径间距、轴向分层、下刀方式、走刀速度等参数，如图2-6-26所示。

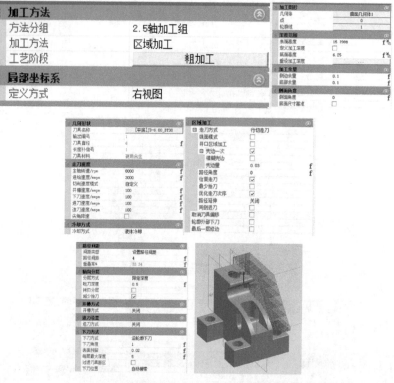

图2-6-26 "右侧台阶面粗加工"刀具路径参数设置

4. 右侧台阶面精加工

1）复制"右侧台阶面粗加工"路径，进入刀具路径参数设置界面。

2）加工图形：加工余量改为"0"。

3）加工刀具：主轴转速改为"10000"，进给速度改为"2000"。

4）单击【计算】按钮，计算完成后弹出当前路径计算结果。

5）修改路径名称为"右侧台阶面精加工"。

5. 凹槽加工

单击功能区中的"3轴加工"，选择3轴加工中的"曲面精加工"方法，在弹出的"刀具路径参数"对话框中设置加工图形、刀具、主轴转速、进给速度、路径间距、进刀方式走等参数，如图2-6-27所示。

6. 右顶面外轮廓粗加工

在【2.5轴路径】中选择【单线切割】，在"刀具路径参数"对话框中设置加工范围、刀具、主轴转速、进给速度、轴向分层、进刀方式、退刀方式、下刀方式、走刀速度等参数，完成后生成刀具路径，如图2-6-28所示。

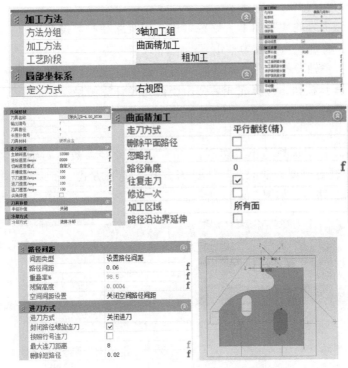

图 2-6-27 "凹槽加工"刀具路径参数设置

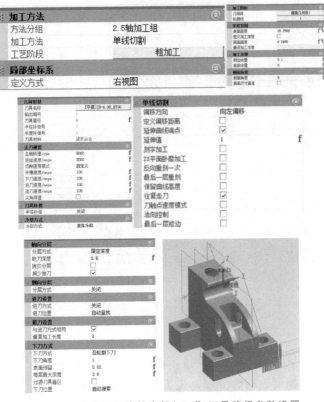

图 2-6-28 "右顶面外轮廓粗加工"刀具路径参数设置

7. 右顶面外轮廓精加工

1）复制"右顶面外轮廓粗加工"路径，进入刀具路径参数设置界面。

2）加工图形：将加工余量改为"0"。

3）加工刀具：主轴转速改为"10000"，进给速度改为"2000"。

4）单击【计算】按钮，计算完成后弹出当前路径计算结果。

5）修改路径名称为"右顶面外轮廓精加工"。

8. 右外轮廓倒角

在【2.5轴路径】中选择【单线切割】，在"刀具路径参数"对话框中设置加工范围、刀具、主轴转速、进给速度、轴向分层、进刀方式、退刀方式、下刀方式、走刀速度等参数，完成后生成刀具路径，如图 2-6-29 所示。

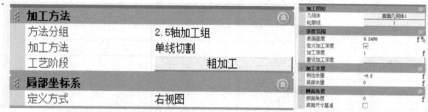

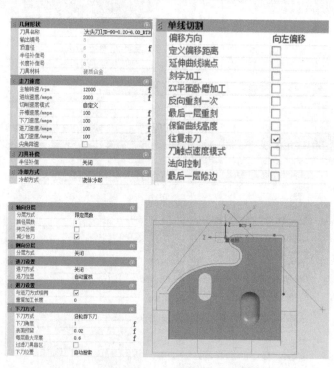

图 2-6-29 "右外轮廓倒角"刀具路径参数设置

9. 右凸台倒角

在【2.5轴路径】中选择【单线切割】，在"刀具路径参数"对话框中设置加工范围、刀具、主轴转速、进给速度、轴向分层、进刀方式、退刀方式、下刀方式、走刀速度等参数，完成后生成刀具路径，如图 2-6-30 所示。

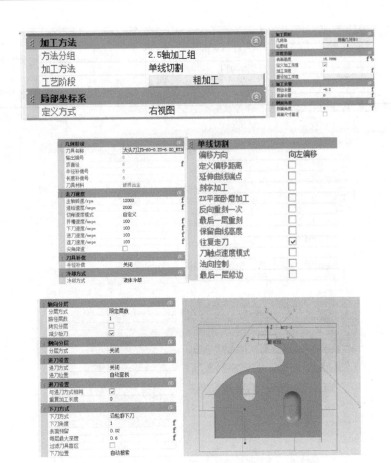

图 2-6-30　"右凸台倒角"刀具路径参数设置

6.3.5　后视图加工编程

后视图编程

1. 环形槽粗加工

在"导航工作条"中选择【2.5轴路径】→【区域加工】→【确定】，在弹出的"刀具路径参数"对话框中设置加工图形、刀具、主轴转速、进给速度、路径间距、轴向分层、下刀方式、走刀速度等参数，如图 2-6-31 所示。

2. 环形槽精加工

1）复制"环形槽粗加工"路径，进入刀具路径参数设置界面。

2）加工图形：加工余量改为"0"。

3）加工刀具：主轴转速改为"12000"，进给速度改为"1000"。

4）单击【计算】按钮，计算完成后弹出当前路径计算结果。

5）修改路径名称为"环形槽精加工"。

3. 斜孔定心

选择 2.5 轴加工中的"钻孔"方法，在弹出的"刀具路径参数"对话框中设置加工图形、刀具、主轴转速、进给速度、轴向分层等参数，如图 2-6-32 所示。

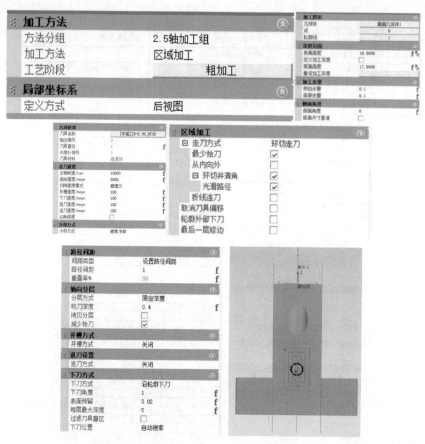

图 2-6-31 "环形槽粗加工" 刀具路径参数设置

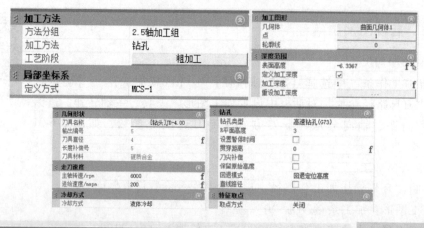

图 2-6-32 "斜孔定心" 刀具路径参数设置

4. 钻斜孔

选择 2.5 轴加工组中的"钻孔"方法，在弹出的"刀具路径参数"对话框中设置加工图形、刀具、主轴转速、进给速度、轴向分层等参数，如图 2-6-33 所示。

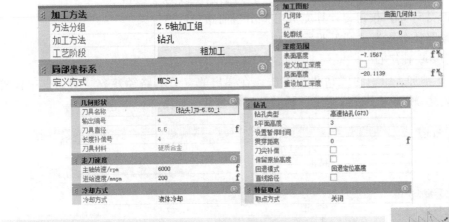

图 2-6-33　"钻斜孔"刀具路径参数设置

6.3.6　俯视图加工编程

1. 圆弧凹槽粗加工

俯视图编程

在"导航工作条"中选择【2.5 轴路径】→【区域加工】→【确定】，在弹出的"刀具路径参数"对话框中设置加工图形、刀具、主轴转速、进给速度、路径间距、轴向分层、下刀方式、走刀速度等参数，如图 2-6-34 所示。

图 2-6-34　"圆弧凹槽粗加工"刀具路径参数设置

2. 圆弧凹槽精加工

1) 复制"圆弧凹槽粗加工"路径,进入刀具路径参数设置界面。

2) 加工图形:加工余量改为"0"。

3) 加工刀具:主轴转速改为"12000",进给速度改为"1000"。

4) 单击【计算】按钮,计算完成后弹出当前路径计算结果。

5) 修改路径名称为"圆弧凹槽精加工"。

3. ϕ5.5mm 孔定心

选择 2.5 轴加工组中的"钻孔"方法,在弹出的"刀具路径参数"对话框中设置加工图形、刀具、主轴转速、进给速度、轴向分层等参数,如图 2-6-35 所示。

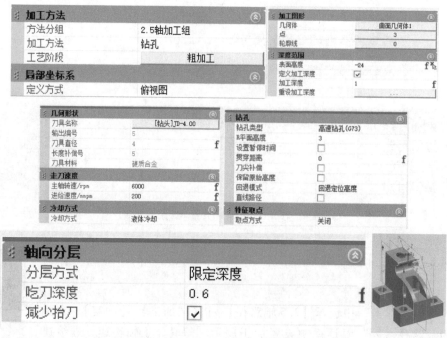

图 2-6-35 "ϕ5.5mm 孔定心"刀具路径参数设置

4. 钻 ϕ5.5mm 孔

选择 2.5 轴加工组中的"钻孔"方法,在弹出的"刀具路径参数"对话框中设置加工图形、刀具、主轴转速、进给速度、轴向分层等参数,如图 2-6-36 所示。

5. 孔倒角

在【2.5 轴路径】中选择【单线切割】,在"刀具路径参数"对话框中设置加工范围、刀具、主轴转速、进给速度、轴向分层、进刀方式、退刀方式、下刀方式、走刀速度等参数,完成后生成刀具路径,如图 2-6-37 所示。

6.3.7 在机测量

1. 左平面

选择【在机测量方法】,单击【在机检测】 →"平面",设置参数如图 2-6-38 所示。

在机测量

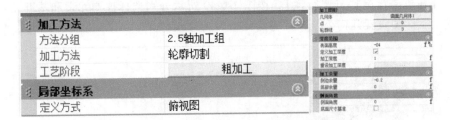

图 2-6-36 "钻 φ5.5mm 孔"刀具路径参数设置

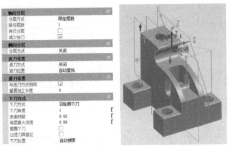

图 2-6-37 "孔倒角"刀具路径参数设置

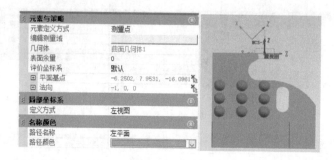

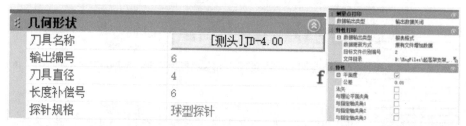

图 2-6-38　"左平面在机测量"参数设置

2. 右平面/前平面/后平面

右平面、前平面和后平面的参数设置与左平面相同，设置完成后如图 2-6-39 所示。

3. 尺寸1

选择【在机测量组】→【平行度】，按图 2-6-40 所示分别选择被测元素和基准元素，根据起落架支架零件图设置几何公差，并将路径命名为"尺寸1"。

图 2-6-39　"右平面/前平面/后平面"
在机测量参数设置结果

平行度	
被测元素	左平面
基准元素	右侧面
公差	0.03
名称颜色	
路径名称	尺寸1

图 2-6-40　平行度检测

4. 尺寸2

选择【在机测量组】→【距离】，按图 2-6-41 所示分别选择被测元素和基准元素，根据起落架支架零件图设置尺寸公差，并将路径命名为"尺寸2"。

5. 尺寸3

选择【在机测量组】→【距离】，按图 2-6-42 所示分别选择被测元素和基准元素，根据起落架支架零件图设置尺寸公差，并将路径命名为"尺寸3"。

距离评价	
被测元素	左平面
基准元素	右侧面
距离类型	空间
日 自定义理论值	☐
理论值	12.5
上公差	0.03
下公差	-0.03
评价坐标系	
定义方式	刀具平面坐标系
名称颜色	
路径名称	尺寸2

图 2-6-41　距离测量（一）

距离评价	
被测元素	前平面
基准元素	后平面
距离类型	空间
日 自定义理论值	☐
理论值	37.2
上公差	0.02
下公差	-0.02
评价坐标系	
定义方式	刀具平面坐标系
名称颜色	
路径名称	尺寸3

图 2-6-42　距离测量（二）

任务6.4　数字化验证与结果输出

6.4.1　线框模拟

在加工环境下，选择所有的刀具路径，单击【项目向导】→【线框模拟】，进入线框模拟。单击【选择路径】按钮，弹出"选择路径"对话框，选择要进行线框模拟的路径，单击【确定】按钮返回。单击【开始】，软件开始以线框方式显示模拟路径加工过程，如图 2-6-43 所示。

6.4.2　过切检查

在加工环境下，选择下料刀具路径，单击【项目向导】→【过切检查】，进入过切检查。在"导航工作条"中单击【检查模型】→【几何体】→【曲面几何体】→【开始检查】，检查路径是否存在过切现象，并弹出"检查结果"对话框，如图 2-6-44 所示。

图 2-6-43　线框模拟

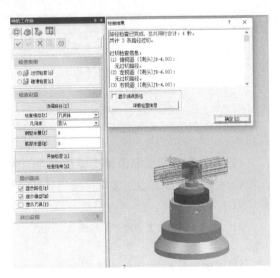

图 2-6-44　过切检查

6.4.3 碰撞检查

在加工环境下，选择下料刀具路径，单击【项目向导】→【碰撞检查】，进入碰撞检查。在"导航工作条"中单击【检查模型】→【几何体】→【曲面几何体】→【开始检查】，检查刀具、刀柄等在加工过程中是否与检查模型发生碰撞，保证加工过程的安全，并在弹出的检查结果中给出不发生碰撞的最短夹刀长度，以最优化备刀。

6.4.4 机床模拟

在加工环境下，选择所有的刀具路径，单击【项目向导】→【机床模拟】，在【模拟控制】菜单中单击【开始】，进入机床模拟状态，检查机床各部件与工件、夹具之间是否存在干涉及各运动轴是否有超程现象。当路径的过切检查、碰撞检查和机床模拟都完成并正确时，"导航工作条"中的路径安全状态显示为绿色，如图2-6-45所示。

6.4.5 刀具路径输出

加工环境下，选择所有的刀具路径，单击【项目向导】→【输出路径】，弹出"输出刀具路径（后置处理）"对话框。检查需输出的路径没有疏漏，输出格式选择JD650 NC格式，选择输出文件的名称和地址，单击【确定】按钮完成输出，如图2-6-46所示。

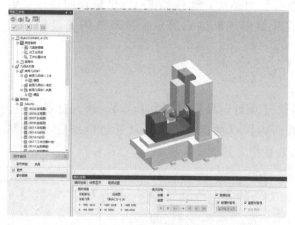

图 2-6-45 机床模拟

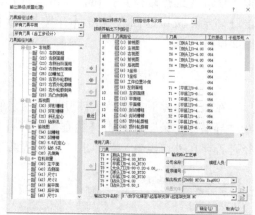

图 2-6-46 输出刀具路径

任务小结

1）本任务介绍了起落架支架仿真加工的方法和步骤。经过本任务的学习，应能够根据工件特点安排加工工艺，选择并使用钻孔、单线切割、轮廓切割、区域加工、曲面精加工等常用加工方法。

2）通过熟悉以上几种常用加工方法，可自行设计任务并熟悉其他5轴定位加工的编程方法。

3）5轴定位加工是非常重要的加工方法，需要熟练掌握其使用方法，明确加工方法中各参数的具体含义。

思 考 题

（1）讨论题

1）5 轴定位加工和 3 轴加工有何区别？如何控制刀轴加工方向？

2）5 轴定位加工第 4 轴、第 5 轴是如何定义的？其运动形式与 X、Y、Z 轴有何不同？A、C 轴有什么区别？

3）在 5 轴定位加工中，编程坐标系如何建立？

4）5 轴定位加工编程应选择哪些加工方法？为什么？

5）两侧凸台底面结构开粗时，应采用哪种编程方法？

6）当特征完全相同且有某种空间几何关系的多个图形需要编程时，如何操作能更省时省力？

7）起落架支架产品有尺寸及位置精度要求，在加工前或加工过程中需管控哪些因素来满足这些要求？

8）输出路径前，是否需要"过切检查"和"碰撞检查"？如何进行？

9）输出路径时，3 轴路径与多轴路径有何区别？如何设置 5 轴输出格式，使其包括机床类型、回转轴位置？如何选择机床输入文件格式？

（2）选择题

1）（　　）方法为曲面模型的成形加工。

A. 分层区域粗加工　　　　B. 曲面精加工　　　　C. 成组平面加工　　　　D. 导动加工

2）在 SurfMill 加工方法中，（　　）不属于 2.5 轴加工组的方法序列。

A. 孔加工组　　　　B. 曲线加工组　　　　C. 区域加工组　　　　D. 曲面加工组

3）（　　）特别适合于曲面雕刻，常用于曲面半精雕刻和曲面精雕刻，但不适合于铣平面。

A. 平底刀　　　　B. 球头刀　　　　C. 锥度平底刀　　　　D. 大头刀

（3）判断题

1）5 轴定位加工需要创建局部坐标系。（　　）

2）5 轴定位加工用不到 2.5 轴加工的命令。（　　）

3）多轴机床是指具有多个坐标轴的机床。（　　）

4）五轴机床指的是在加工中参加联动的轴数为 5 个。（　　）

5）精雕系列雕刻机均配备高速电主轴，主轴允许的实际转速范围是有限制的，当设置的最高转速大于上限转速时，软件自动将实际转速设定为最高值。（　　）

6）实训开始前，绝大部分学生已具备基本的安全常识，所以不需要进行安全文明生产指导。（　　）

任务7

侧铣小叶轮仿真加工

🔧 知识点介绍

通过侧铣小叶轮（简称叶轮），了解并学习叶轮应用背景、叶轮曲面的分类、工艺分析方式、叶轮的加工方式、叶轮编程命令、加工过程管控、工件位置补偿。

🔧 能力目标要求

1）学习侧铣叶轮的工艺分析和工艺方案设计方法。
2）学会编写工艺文件，选择合适的设备、工具、参数等。
3）学会加工平台的设置方法，包括机床、刀柄、刀具、毛坯、夹具、几何体等。
4）理解并掌握侧铣叶轮加工程序的编写方法，包括叶轮开粗、叶片加工、流道加工。
5）理解并掌握碰撞、过切检查、最小装刀长度计算方法。
6）学会运用线框模拟、实体模拟对加工路径进行分析和优化。

任务7.1 任务分析

工艺方案

7.1.1 工件应用背景

叶轮广泛应用在能源动力、航空航天等行业，是涡轮增压器的核心部件。叶轮实际工作时处于高速旋转状态，转速在 30000 ~ 100000r/min，要求低振动、低噪声，所以对表面精度、动平衡有极高的要求。叶轮在结构上主要包括叶片、分流叶片、流道面、倒角面等部分，如图 2-7-1 所示。

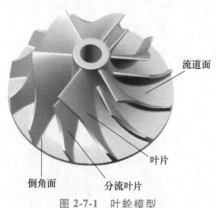

图 2-7-1 叶轮模型

7.1.2　分析工艺

1. 工艺分析流程

工艺分析流程如图 2-7-2 所示。

2. 工件信息

（1）材料分析　该工件的图样如图 2-7-3 所示，其材料为 7075 铝合金，硬度为 150HBW，其强度高，具有良好的力学性能，材质偏软，易于加工。

（2）特征分析　工件整体尺寸为 $\phi80mm\times40mm$，共有 6 组叶片，其最小圆角为 1mm，叶片曲面为直纹面。

3. 毛坯信息

工件毛坯为车削成形毛坯，除叶片外，其余特征均已加工到位。叶轮模型如图 2-7-4 所示，叶轮毛坯如图 2-7-5 所示。

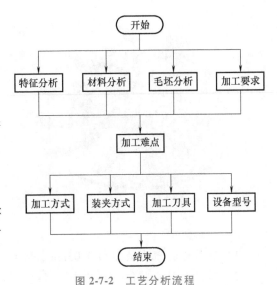

图 2-7-2　工艺分析流程

技术要求

1. 未注尺寸公差为±0.1mm。
2. 未注角度公差为0.1°。
3. 棱边倒钝C0.2。
4. 表面不允许有任何磕碰、刺伤等加工缺陷。

$\sqrt{Ra\ 0.8}$

						(材料标记)		(单位名称)
标记	处数	分区	更改文件号	图号	年、月、日			(图纸名称)
设计			标准件					
审核						阶段标记	重量 比例	
工艺			批准				0.000 1:2	(图号)
						共1张	第1张	

图 2-7-3　叶轮图样

图 2-7-4　叶轮模型

图 2-7-5　叶轮毛坯

4. 加工要求

1）叶片面轮廓度公差为 0.05mm，叶片厚度公差为 ±0.05mm；

2）叶片及叶根圆角表面光洁、刀纹均匀、无明显振纹；

3）要求叶轮在转速 8500r/min 的情况下不平衡量小于 0.3g·mm；

4）加工时间在 10min 之内。

5. 加工难点

1）叶轮属于薄壁类零件，叶片易变形；

2）叶轮由 6 组叶片组成，叶片扭曲大，相邻叶片空间小，易发生干涉；

3）10min 高效高品质完成加工是一大难点。

7.1.3　确定加工方案

1. 选择加工方式

叶轮属于典型的复杂曲面零件，叶片面扭曲存在负角，叶根 R 角较小，加工时极易产生干涉，使用 3 轴机床无法加工到位，因此采用 5 轴联动方式加工。

2. 选择装夹方式

1）该产品加工位置为叶轮整体，加工过程中由于刀轴变化剧烈，极易产生各种干涉现象，所以对夹具的安全性和可靠性要求较高。

2）叶轮毛坯为成形精毛坯，其结构为回转体，中心孔的精度已达到加工要求，因此叶轮与夹具通过中心孔确定 X、Y 方向粗定位，通过成形毛坯外圆进行分中，确定 X、Y 方向精定位，通过成形毛坯上表面确定 Z 方向定位，采用螺母压紧产生的静摩擦力完成夹紧。

3）考虑到刀具伸出长度，为确保刀具刚性和主轴的稳定性，避免刀柄与转台或夹具发生碰撞，通过转接台将夹具加高。

4）为了满足快速批量生产，使用零点定位系统作为夹具底座，如图 2-7-6 所示。

叶轮与夹具通过中心孔定位，使用螺母固定叶轮

转接台

零点定位系统与台面通过螺钉进行固定

图 2-7-6　装夹方式

3. 选择加工刀具

叶轮要求加工时间在 10min 以内，开粗量过大，因此选择刚性强、排屑能力强的两刃锥度球头刀，利用刀具侧刃以及刀尖进行铣削。由于毛坯材料为 7075 铝合金，强度高，具有良好的力学性能，材质偏软，易于加工，因此选择锋利的非涂层刀具。经模型分析，叶轮最小 R 角为 1mm，综合考虑，选择规格如图 2-7-7 所示的刀具。

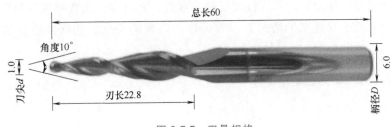

图 2-7-7　刀具规格

4. 选择设备型号

叶轮产品加工对表面粗糙度和加工效率要求较高，因此需选择精雕全闭环 5 轴高速加工中心；该工件尺寸为 φ80mm×40mm，加上工装夹具，整体尺寸在 JDGR200 系列机床行程内；叶轮开粗过程刀具吃刀深度较大，对主轴刚性要求高，故选择 JD150S-20-HA50 型电主轴，该主轴具有高转速低振动、刚性好等特点，能够满足加工要求。综合考虑，选择 JDGR200T（P15SHA）5 轴机床。

7.1.4　确定过程管控方案

1. 确定管控方向

为保证叶轮加工质量，需要对叶轮加工过程进行管控，具体管控方面如下：

1）管控工件装夹误差：采取工件位置智能修正；

2）管控关键工步：采取工件余量测量；

3）管控机床状态：采取机床状态检测；

4）管控刀具状态：采用刀具磨损检测。

2. 采用关键技术

（1）在机检测　在机检测技术是以机床硬件为载体，附以相应的测量工具（硬件包括机床测头、机床对刀仪等，软件包括宏程序、专用测量软件等），在工件加工过程中，对工件实现数据的实时采集工作，可以用于加工辅助、数据分析计算等方面，通过科学的方案帮助并指导工程人员提高生产品良率。该技术是工艺改进的一种测量方式，也是过程控制的重要环节。

在工件加工过程中，加工前，需要人工拉表找正位置，需花费大量时间；加工中，无法及时预知刀具和工件状态，可能导致工件报废；加工后，多环节流转易造成工件三伤，排队测量易造成机床停机。以上现象严重影响了加工过程的顺畅性和产品良率，造成企业绩效和盈利能力降低。在机检测技术可以实现加工生产和品质测量的一体化，对减少辅助时间、提高加工效率、提升加工精度和减少废品率有重要指导意义。

（2）工步设计　在将毛坯加工为成品的过程中，数控机床除了完成切削加工，还完成一些辅助的工作，如在机测量、刀具寿命管理、安全防呆等。目前，切削加工的数控程序由软件端自动输出，辅助数控程序由编程人员在设备端手工编写，这就导致了软件端每输出一个新的切削数控程序，都需要手工加入辅助数控程序段。

SurfMill软件提供了工步设计功能，通过图形化的方式操作，将辅助指令融入到切削数控程序中，这样设备端就无须再进行修改，可直接用于加工。除此之外，工步设计还提供了逻辑功能，支持测量后补加工，以保证加工的连续性，并且在输出数控程序时，对整个数控流程进行管控，实现了软件端的防呆，以保证加工过程的安全，在软件端将加工风险降到最低。

7.1.5　确定加工工艺

根据加工要求形成相应加工工艺卡见表2-7-1。

表2-7-1　侧铣小叶轮加工工艺卡

序号	工步内容	加工方法	刀具	主轴转速 /(r/min)	进给速度 /(mm/min)	效果图
1	工件位置摆正	工件位置补偿	［测头］ JD-5.0_HA50	0	30	—
2	叶轮开粗	叶轮加工	［锥度球头］ JD-10-1.00	14000	1000	
3	叶片半精加工	叶轮加工	［锥度球头］ JD-10-1.00	16000	1000	
4	分流叶片半精加工	叶轮加工	［锥度球头］ JD-10-1.00	16000	1000	
5	半精余量测量	曲面测量	［测头］ JD-5.0_HA50	0	30	—

（续）

序号	工步内容	加工方法	刀具	主轴转速 /（r/min）	进给速度 /（mm/min）	效果图
6	叶片精加工	叶轮加工	［锥度球头］ JD-10-1.00	14000	300	
7	分流叶片 精加工	叶轮加工	［锥度球头］ JD-10-1.00	14000	300	
8	流道精加工	叶轮加工	［锥度球头］ JD-10-1.00	12000	1000	
9	下机检测	曲面测量	［测头］ JD-5.0_HA50	0	30	—

操作提示：

工艺设计受限于机床选择、加工刀具、模型特点、加工要求、环境等诸多因素，故此工艺卡提供的工艺数据仅供参考，用户可根据具体的加工情况重新设计工艺。

任务7.2　数字化制造系统搭建

编程加工准备

7.2.1　导入数字模型

打开 JDSoft-SurfMill 软件，新建空白曲面加工文档。在"导航工作条"中选择 3D 造型模块，然后选择"文件"→"输入"→"三维曲线曲面"，在打开的对话框中选择建模中保存的 .igs 格式的"工件_侧铣小叶轮.igs""夹具_治具.igs"和"毛坯_侧铣小叶轮毛坯.igs"，结果如图 2-7-8 所示。

现在工件与毛坯相对关系明确，毛坯完全包裹工件。工件、毛坯、工装位置关系如图 2-7-9 所示。

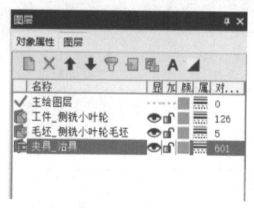

图 2-7-8　图层列表

图 2-7-9　工件、毛坯、工装位置关系

7.2.2　设置机床

在"导航工作条"中选择加工模块，选择【任务设置】菜单栏下的【机床设置】命令，在弹出的对话框中选择机床类型为 5 轴，机床文件选择 JDGR200T（P15SHA），机床输入文件格式选择 JD650 NC（As Eng650）。为方便在机床上检查和编译路径，选择"ENG 设置扩展"→"子程序选项"→"子程序支持 T"，如图 2-7-10 所示。

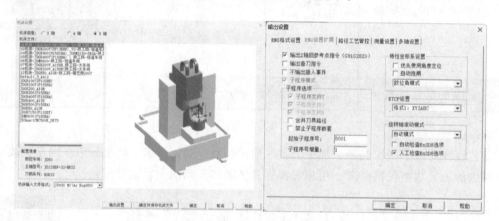

图 2-7-10　机床设置

7.2.3　创建几何体

选择【项目向导】菜单栏下的【创建几何体】命令，在"导航工作条"中设置名称为"叶轮加工几何体"，然后根据"工件_侧铣小叶轮""毛坯_侧铣小叶轮毛坯""夹具_治具"图层，依次编辑【工件设置】【毛坯设置】和【夹具设置】，拾取相应的"工件面""毛坯面"和"夹具面"。注意：在设置毛坯面时选择"自定义生成"，设置夹具时装配坐标系选择"底面坐标系"，如图 2-7-11 所示。

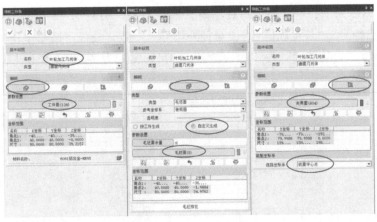

图 2-7-11　创建几何体

7.2.4　创建刀具

1）如图 2-7-12 所示，单击【当前刀具表】命令，在弹出的对话框左下方单击【添加刀具】按钮。

2）如图 2-7-13 所示，在弹出的"刀具创建向导"对话框中创建加工刀具，选择系统刀具库中的［锥度球头］JD-10-1.00 刀具，单击【下一步】按钮，进入刀柄设置。

图 2-7-12　添加刀具

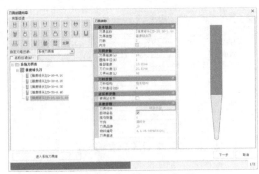

图 2-7-13　创建加工刀具

3）如图 2-7-14 所示，选择系统刀具库中的"HSK-A50-ER25-080S"刀柄型号，单击【下一步】按钮。

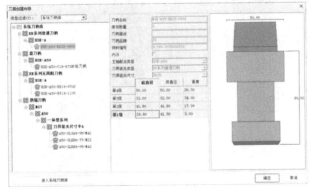

图 2-7-14　刀柄型号选择

4）如图 2-7-15 所示，在"当前刀具"对话框中检查"刀具名称"为"［锥度球头］JD-10-1.00"，"输出编号""长度补偿号""半径补偿号"一致，设置"圆角半径"为"1"，"刀杆直径"为"6"，"刀具锥度"为"10"，"刀具伸出长度"为"38"，单击【确定】按钮。

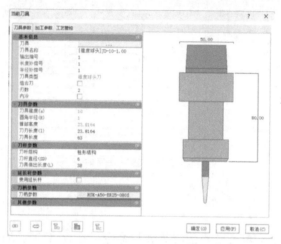

图 2-7-15　刀具参数设置

5）回到"当前刀具表"对话框，［锥度球头］JD-10-1.00 刀具设置完成，单击【确定】按钮。根据工艺思路，以相同的方式创建其他刀具，如图 2-7-16 所示。

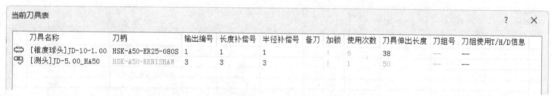

图 2-7-16　当前刀具表

7.2.5　设置几何体安装

选择【任务设置】菜单栏下的【几何体安装】命令，在"导航工作条"中，"叶轮加工几何体"的安装设置选择"几何体定位坐标系"，如图 2-7-17 所示，将叶轮加工几何体安装于 JDGR200T（P15SHA）机床上。

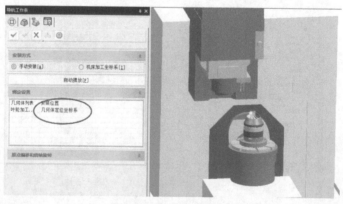

图 2-7-17　几何体安装

任务 7.3　仿真加工编程

7.3.1　创建辅助线面

辅助线面创建

根据加工工艺卡，初步分析选用的加工方法所需的辅助线面，创建顶部/底部侧铣曲线、包覆曲面、轮毂曲面、叶片曲面、分流叶片曲面等辅助线面，并将其放入对应图层，如图 2-7-18、图 2-7-19 所示。

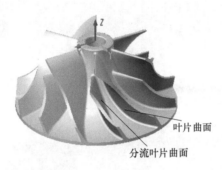

图 2-7-18　叶片曲面与分流叶片曲面

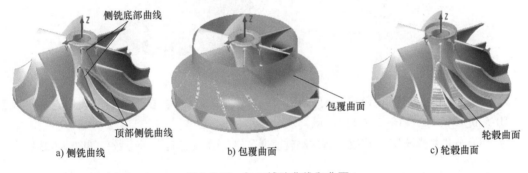

a) 侧铣曲线　　　　b) 包覆曲面　　　　c) 轮毂曲面

图 2-7-19　加工辅助曲线和曲面

操作提示：

侧铣曲线必须为样条曲线。

包覆曲面和轮毂曲面必须为样条曲面。

7.3.2　智能修正工件位置

由于叶轮与叶轮毛坯均属于回转体，且两者之间在 X、Y 方向无要求，因此选择回转体法进行工件位置补偿。具体操作步骤如下。

1. 圆柱测量路径

1）单击菜单项【在机检测】，选择【圆柱】命令。

2）进入"圆柱"参数界面，切换至"加工方案"，修改测量域参数，拾取圆柱面，单击【圆柱截面】，设置圆柱截面参数，单击 ✓ 确定，如图 2-7-20 和图 2-7-21 所示。

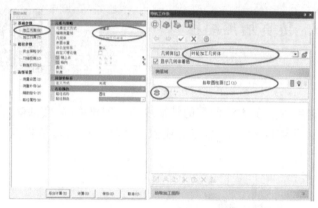

图 2-7-20　拾取圆柱面

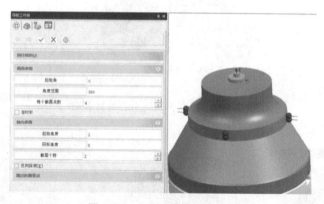

图 2-7-21　设置圆柱截面参数

3）选择"加工刀具"，设置几何形状，单击"刀具名称"，在当前刀具表中选择"［测头］JD-5.0_HA50"，如图 2-7-22 所示。

4）切换至"测量设置"，修改"首次触碰速度""二次触碰速度"等参数，如图 2-7-23 所示。

图 2-7-22　选择刀具

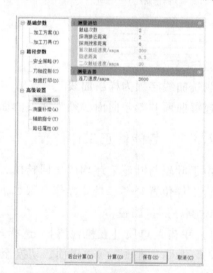

图 2-7-23　测量设置（一）

操作提示：

首次触碰速度、二次触碰速度参数必须要和测头标定参数保持一致。

5）单击【计算】按钮，完成测量路径的计算。

2．平面测量路径

1）单击菜单项【在机检测】，选择【平面】命令。

2）进入"平面"参数界面，切换至"加工方案"，单击编辑测量域→曲面自动，设置曲面自动参数，单击✓确定，如图 2-7-24 所示。

图 2-7-24 曲面参数设置

3）选择"加工刀具"，设置几何形状，单击"刀具名称"，在当前刀具表中选择"［测头］JD-5.0_HA50"。

4）切换至"测量设置"，修改"首次触碰速度""二次触碰速度"等参数，如图 2-7-25 所示。

5）单击【计算】按钮，完成测量路径的计算。

3．工件位置补偿

1）单击菜单项【在机检测】，选择【工件位置补偿】命令。

2）进入"工件位置补偿"参数界面，切换至"加工方案"，修改"工件位置补偿"参数，如图 2-7-26 所示。

图 2-7-25 测量设置（二）

图 2-7-26 工件位置补偿参数

3) 单击【计算】按钮，完成路径计算。

流道开槽与开粗

7.3.3 编制叶轮开粗程序

1. 选择"加工方法"

1) 单击功能区的"特征加工"，选择【叶轮加工】加工方法。

2) 进入"叶轮加工"路径参数界面，切换至"走刀方式"，修改"加工方式""叶片个数"等参数，如图2-7-27所示。

操作提示：

分层粗加工能够以型腔顺序连续完成流道的开粗加工，此功能基于毛坯计算，可减少空切路径。

2. 设置"加工图形"

1) 选择"加工图形"，单击【编辑加工域】按钮。

2) 几何体为默认的"叶轮加工几何体"，依次在图层中拾取"顶部轮廓线""底部轮廓线""包覆曲面""轮毂曲面""叶片曲面"和"分流叶片"，如图2-7-28所示。

3) 单击☑完成加工图形的选择。

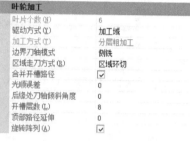

叶轮加工	
叶片个数 (N)	6
驱动方式 (D)	加工域
加工方式 (T)	分层粗加工
边界刀轴模式	侧铣
区域走刀方式 (R)	区域环切
合并开槽路径	☑
光顺误差	0
后缘处刀轴倾斜角度	0
开槽层数 (L)	8
顶部路径延伸	0
旋转阵列 (A)	☑

图 2-7-27 叶轮加工设置（一）

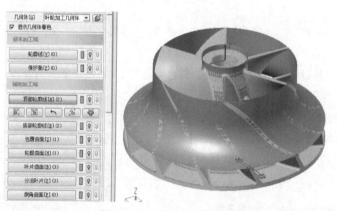

图 2-7-28 设置加工图形

4) 设置加工余量。该路径轮毂面余量和叶片余量都为"0.15"，其余参数保持默认，如图2-7-29所示。

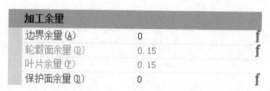

加工余量		
边界余量 (A)	0	f
轮毂面余量 (H)	0.15	f
叶片余量 (F)	0.15	f
保护面余量 (U)	0	f

图 2-7-29 设置加工余量

操作提示：

叶轮加工是基于特征的，因此要选择一些特征曲面作为加工域，包括边界曲线、轮毂曲面、包覆曲面、叶片曲面、分流叶片、倒角面等形状特征。

3. 设置"加工刀具"

1）设置几何形状。单击"刀具名称"，在当前刀具表中选择"［锥度球头］JD-10-1.00"。

2）走刀速度根据实际情况进行设置，此处主轴转速设置为"14000"，进给速度设置为"1000"，如图 2-7-30 所示。

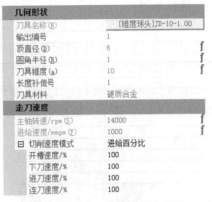

图 2-7-30　加工刀具及参数设置

4. 设置"进给设置"

1）设置路径间距为"0.8"。

2）设置轴向分层为关闭。

3）进刀方式选择"切向进刀"，下刀方式选择"折线下刀"，如图 2-7-31 所示。

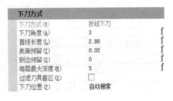

图 2-7-31　进给设置

5. 设置"安全策略"

选择路径检查几何体，修改检查模型为"叶轮加工几何体"，如图 2-7-32 所示。

6. 计算路径

1）设置完成后单击【计算】按钮，计算完成后弹出当前路径计算结果。

2）在路径树中右键单击当前路径，选择"重命名"，修改路径名称为"叶轮开粗"，如图 2-7-33 所示。

图 2-7-32　路径检查

图 2-7-33　计算结果

7.3.4　编制叶片半精加工程序

1. 选择"加工方法"

1）在路径树中复制"叶轮开粗"路径。

2）双击复制的路径节点，进入刀具路径参数界面，修改"叶轮加工"中的"走刀方式"参数，其中"限定加工叶片"选择"仅加工主叶片"，如

叶片半精、
精加工

图 2-7-34 所示。

操作提示：

根据曲面成形原理，叶片面可以分为直纹面和自由曲面。根据叶片曲面形状的不同，叶轮也可以分为直纹面叶轮和自由曲面叶轮。直纹面叶轮一般采用侧铣法加工，自由曲面叶轮一般采用点铣法加工，如图 2-7-35 和图 2-7-36 所示。

叶轮加工	
叶片个数(N)	6
驱动方式(Y)	加工域
加工方式(T)	叶片精加工
刀轴模式	侧铣
限定加工叶片(G)	仅加工主叶片
光顺误差	0
后缘处刀轴倾斜角度	0
旋转阵列(A)	☑

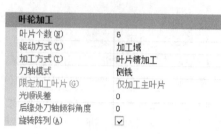

图 2-7-34　叶轮加工设置（二）

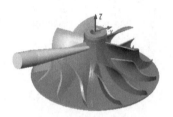

图 2-7-35　侧铣法

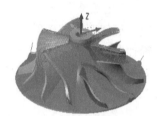

图 2-7-36　点铣法

两种方法各有优缺点：侧铣法是使用锥度球头刀的侧刃加工，加工效率高；点铣法是利用球头刀的球头部分进行加工，加工精度较高，但是加工效率低。本任务中的叶轮属于直纹面叶轮，所以采用侧铣法加工。

2. 设置“加工图形”

加工图形的设置与“叶轮开粗”相同，不做修改。设置“轮毂面余量”和“叶片余量”都为“0.1”，如图 2-7-37 所示。

3. 设置“加工刀具”

加工刀具与“叶轮开粗”相同。走刀速度中，“主轴转速”设置为“16000”，“进给速度”设置为“1000”，如图 2-7-38 所示。

加工余量		
边界余量(A)	0	f
轮毂面余量(D)	0.1	f
叶片余量(F)	0.1	
保护面余量(D)	0	f

图 2-7-37　加工余量（一）

走刀速度		
主轴转速/rpm(S)	16000	f
进给速度/mmpm(F)	1000	f
⊟ 切削速度模式	进给百分比	
开槽速度/%	100	
下刀速度/%	100	
进刀速度/%	100	
连刀速度/%	100	

图 2-7-38　走刀速度（一）

4. 设置“进给设置”

设置侧向分层为关闭，进刀方式为“切向进刀”。

5. 设置“安全策略”

路径检查设置与“叶轮开粗”相同，不做修改。

6. 计算路径

1）设置完成后单击【计算】按钮，计算完成后确认当前路径计算结果。

2）将路径名称重命名为“叶片半精加工”，如图 2-7-39 所示。

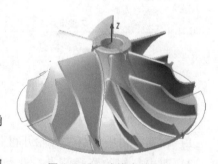

图 2-7-39　叶片半精加工

7.3.5　编制分流叶片半精加工程序

分流叶片半精加工与叶片半精加工相同，只需修改"走刀方式"的参数，具体操作步骤如下：

1）在路径树中复制"叶片半精加工"路径。

2）双击复制的新路径，修改"走刀方式"中的"限定加工叶片"为"仅加工分流叶片"，如图 2-7-40 所示。

3）其他参数与"叶片半精加工"相同，不做修改。单击【计算】按钮。

4）计算完成后确认当前路径计算结果，如图 2-7-41 所示。将路径名称重命名为"分流叶片半精加工"。

图 2-7-40　叶轮加工设置（三）

图 2-7-41　分流叶片半精加工

7.3.6　编制半精余量测量程序

使用点组命令，采集叶片等特征面数据，拟合特征曲面，通过对比拟合曲面和软件中的理论曲面，得出此时叶轮的实际余量，间接得到叶轮的实际尺寸。具体操作如下。

1）单击菜单项【在机检测】，选择【点组】命令。

2）进入"点组"参数界面，切换至"加工方案"，修改编辑测量域参数，单击【曲面手动】，设置曲面手动参数，单击✔确定，如图 2-7-42 所示。

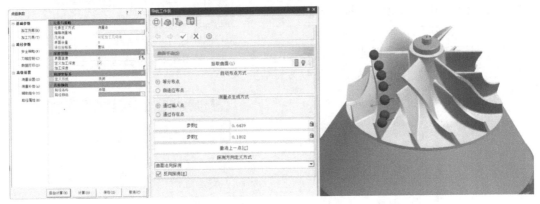

图 2-7-42　曲面手动参数

3）选择"加工刀具"，设置几何形状，单击"刀具名称"，在当前刀具表中选择"［测头］JD-5.0_HA50"。

4) 选择"数据打印",修改测量点打印参数,如图 2-7-43 所示。

5) 选择"测量设置",修改测量进给参数,如图 2-7-44 所示。

图 2-7-43 测量点打印参数

图 2-7-44 测量进给参数

6) 单击【计算】按钮,完成测量路径的计算。

7) 其余测量路径按照上述过程进行操作即可。

7.3.7 编制叶片精加工程序

1. 选择"加工方法"

1) 在路径树中复制"分流叶片半精加工"路径。

2) 双击复制的路径节点,进入刀具路径参数界面,修改"叶轮加工"中的"走刀方式"参数,其中"限定加工叶片"选择"仅加工主叶片",如图 2-7-45 所示。

2. 设置"加工图形"

加工图形不做修改,设置轮毂面余量为"0.1",其余为"0",如图 2-7-46 所示。

3. 设置"加工刀具"

加工刀具不变,修改走刀速度中的主轴转速为"14000",进给速度为"300",如图 2-7-47 所示。

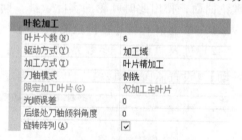

图 2-7-45 叶轮加工设置(四)

图 2-7-46 加工余量(二)

图 2-7-47 走刀速度(二)

4. 设置"进给设置"

设置侧向分层为关闭,进刀方式为"切向进刀"。

5. 设置"安全策略"

路径检查设置不做修改。

6. 计算路径

1）设置完成后单击【计算】按钮，计算完成后确认当前路径计算结果。

2）路径名称重命名为"叶片精加工"，如图 2-7-48 所示。

7.3.8　编制分流叶片精加工程序

分流叶片精加工与叶片精加工相同，只需修改"走刀方式"的参数。

图 2-7-48　叶片精加工

1）在路径树中复制"叶片精加工"路径。

2）双击复制的新路径，修改"走刀方式"中的"限定加工叶片"为"仅加工分流叶片"，如图 2-7-49 所示。

3）其他参数与"叶片精加工"相同，不做修改，单击【计算】按钮。

4）计算完成后确认当前路径计算结果，如图 2-7-50 所示，将路径名称重命名为"分流叶片精加工"。

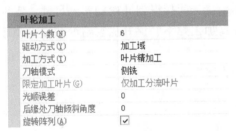

图 2-7-49　叶轮加工设置（五）

图 2-7-50　分流叶片精加工

7.3.9　编制流道精加工程序

1. 选择"加工方法"

1）在路径树中复制"分流叶片精加工"路径。

2）双击复制的路径节点，进入刀具路径参数设置界面，修改"叶轮加工"中的"走刀方式"参数，其中"加工方式"改为"流道精加工"，其余参数设置参考图 2-7-51 所示。

2. 设置"加工图形"

加工图形不做修改，设置加工余量为"0"。

3. 设置"加工刀具"

加工刀具不变，修改走刀速度中的主轴转速为"12000"，进给速度为"1000"，如图 2-7-52 所示。

流道、倒角
精加工

图 2-7-51　叶轮加工设置（六）

4. 设置"进给设置"

设置路径间距为"0.1",进刀方式为"切向进刀",如图 2-7-53 所示。

图 2-7-52　走刀速度（三）

图 2-7-53　进给设置

5. 设置"安全策略"

路径检查设置为不进行检查。

6. 计算路径

1）设置完成后单击【计算】按钮，计算完成后确认当前路径计算结果。

2）将路径名称重命名为"流道精加工"，如图 2-7-54 所示。

图 2-7-54　流道精加工

7.3.10　编制成品测量程序

在工件下机前，通过在机测量检测叶轮的实际余量，间接得到叶轮的实际尺寸，实现加工生产和品质测量的一体化，对减少辅助时间、提高加工效率、提升加工精度和减少废品率有重要指导意义。

按照半精余量测量程序编写步骤编写下机检测程序即可。

7.3.11　设置工步设计参数

1. 机床状态检测

选中"叶轮开粗"路径，单击鼠标右键选择【插入工步设计】，选择【插入路径头宏程序（路径内）】，进入路径头宏程序界面。单击 ⊕【添加】按钮，选择自定义宏模板中的"O6303（刀具工艺控制-激光对刀仪）"，单击【确定】按钮，参照加工参数设置参数，如图 2-7-55 所示，单击【确定】按钮。

其他加工路径均按照上述过程进行操作。

2. 刀具磨损检测

选中"叶轮开粗"路径，单击鼠标右键选择【插入工步设计】，选择【插入路径

图 2-7-55　O6303（刀具工艺控制-
激光对刀仪）参数（一）

尾宏程序（路径内）】，进入路径尾宏程序界面。单击 ⊕【添加】按钮，选择自定义宏模板中的"O6303（刀具工艺控制-激光对刀仪）"，单击【确定】按钮，参照加工参数设置参数，如图 2-7-56 所示，单击【确定】按钮。

其他加工路径均按照上述过程进行操作。

图 2-7-56　O6303（刀具工艺控制-激光对刀仪）参数（二）

模拟与输出

任务7.4　数字化验证与结果输出

7.4.1　线框模拟

在加工环境下，单击菜单栏中的【刀具路径】→【加工过程线框模拟】，"导航工作条"

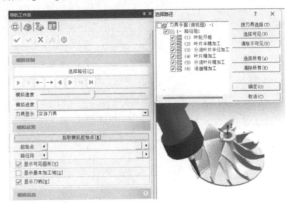

进入实体模拟引导。单击【选择路径】按钮，弹出"选择路径"对话框，选择要进行线框模拟的路径，单击【确定】按钮返回。单击【开始】，软件开始以线框方式显示模拟路径加工过程，如图 2-7-57 所示。

操作提示：

在线框模拟过程中按住鼠标滚轮不放，移动鼠标，可以动态观察路径加工过程。

单击【拾取模拟起始点】按钮，可以通过拾取路径点位置设置路径模拟初始位置。

图 2-7-57　线框模拟

7.4.2　实体模拟

在加工环境下，单击菜单栏中的【刀具路径】→【加工过程实体模拟】，"导航工作条"

进入实体模拟引导。单击【选择路径】按钮，弹出"选择路径"对话框，将编辑好的路径全部选中，单击【确定】按钮返回。设置好模拟控制后在"导航工作条"中单击【开始】，软件开始通过模拟刀具切削材料的方式模拟加工过程，编程人员可检查路径是否合理，是否存在安全隐患，如图 2-7-58 所示。

图 2-7-58　实体模拟

7.4.3　过切检查

在加工环境下，单击【项目向导】→【过切检查】，在"导航工作条"中单击【过切检查】→【检查模型】→【几何体】→【叶轮加工几何体】→【开始检查】，检查路径是否存在过切现象，并弹出"检查结果"对话框，如图 2-7-59 所示。

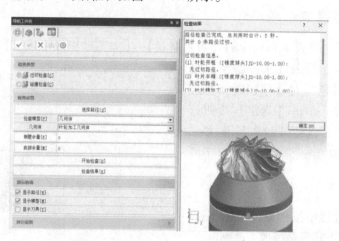

图 2-7-59　过切检查

7.4.4　碰撞检查

与过切检查操作类似，在加工环境下，单击【项目向导】→【碰撞检查】，在"导航工作条"中单击【碰撞检查】→【检查模型】→【几何体】→【叶轮加工几何体】→【开始检查】，检查刀具、刀柄等在加工过程中是否与检查模型发生碰撞，保证加工过程的安全，并在弹出的检查结果中给出不发生碰撞的最短夹刀长度，以最优化备刀。

7.4.5 机床模拟

在加工环境下，单击【项目向导】→【机床模拟】，在【模拟控制】菜单中单击【开始】，进入机床模拟状态，检查机床各部件与工件、夹具之间是否存在干涉及各运动轴是否有超程现象。当路径的过切检查、碰撞检查和机床仿真都完成并正确时，"导航工作条"中的路径安全状态显示为绿色，如图 2-7-60 所示。

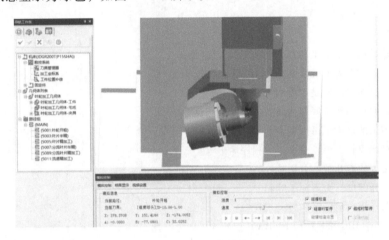

图 2-7-60　机床模拟

7.4.6 刀具路径输出

加工环境下，单击【项目向导】→【输出路径】，弹出"输出路径（后置处理）"对话框，检查需输出的路径没有疏漏，输出格式选择 JD650 NC（As Eng650）格式，选择输出文件的名称和地址，单击【确定】按钮完成输出，弹出路径输出成功提示，如图 2-7-61 所示。

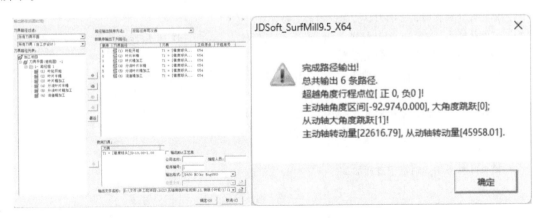

图 2-7-61　输出刀具路径

任 务 小 结

1）本任务介绍了侧铣小叶轮的方法和步骤，经过本任务的学习，应能够根据工件特点安排合理的加工工艺。

2）理解叶片曲面的分类，熟悉不同叶片曲面所对应的加工方式。

3）熟练掌握叶轮加工辅助线面的创建方法。

思 考 题

（1）讨论题

1）侧铣叶轮采用 3 轴加工还是 5 轴加工？

2）选用的锥度球头刀的锥度是全角 10°还是半角 10°？

3）轮毂曲面的曲面属性是否为组合曲面？

4）侧铣顶部曲线与侧铣底部曲线的方向是否相反？

5）叶片精加工的加工余量为多少？

6）未进行机床模拟，可以直接进行程序输出吗？

7）叶轮加工方式有几种？分别是什么？

8）为什么选择锥度球头刀加工叶轮？

9）为什么选择零点定位系统装夹工件？

10）为什么选择 JDGR200T（P15SHA）型号的机床进行加工？

（2）选择题

1）加工叶轮时工件坐标系在（　　）。

A. 上表面　　　　　　B. 中间面　　　　　　C. 底面　　　　　　　　D. 侧面

2）叶轮的叶片曲面分为（　　）种。

A. 1　　　　　　　　B. 2　　　　　　　　C. 3　　　　　　　　　D. 4

3）侧铣叶轮加工使用（　　）加工方式。

A. 2.5 轴加工　　　　B. 3 轴加工　　　　　C. 5 轴定位加工　　　　D. 5 轴联动加工

4）加工叶轮时定位基准的选择主要符合（　　）原则。

A. 基准重合　　　　　B. 基准统一　　　　　C. 自为基准　　　　　　D. 互为基准

5）加工叶轮编程时，影响刀具转速的因素主要有（　　）。

A. 工件材料　　　　　B. 刀具材料　　　　　C. 刀具形状　　　　　　D. 机床性能

6）侧铣叶轮的侧铣辅助线的类型为（　　）。

A. 组合曲线　　　　　B. 样条曲线　　　　　C. 直线　　　　　　　　D. 圆弧

（3）判断题

1）叶轮叶片自由曲面采用侧铣方式进行加工。（　　）

2）叶轮的顶部侧铣曲线和底部侧铣曲线的方向相同。（　　）

3）叶轮包覆曲面是组合曲面。（　　）

4）侧铣叶轮采用 5 轴定位进行加工。（　　）

模块 3

实操加工篇

机床操作基础

通过本任务，了解并学习机床使用规范、机床操作方法、刀具安装方法、千分表的结构及使用要求、机用平口钳和测头的安装校正方法、常见问题及处理方法。

能力目标要求

1）学习机床使用规范，操作机床过程中应遵守规范要求。
2）学习机床清扫规范，避免对设备的损害。
3）熟练掌握机床操作方法。
4）熟练使用千分表完成夹具、测头的安装、校正。
5）掌握刀具的安装方法和流程。
6）了解常见问题，掌握处理方法。
7）能够根据程序单要求，配合程序完成工件的加工。

任务 1.1　机床使用规范

操作人员需要按照规范要求对精密机床进行使用。合理、规范地使用机床可以减少机床磨损、减少机床故障、保持现场环境整洁、减少安全隐患。

1.1.1　规范使用各部件

1. 凸轮开关

使用机床前，确认凸轮开关处于断电状态，按照要求将凸轮开关旋至上电状态。使用机床后，按照正确的关机顺序关闭机床，最后将凸轮开关旋至断电状态。

2. 鼠标盒及 USB 橡胶塞

使用机床前，确认鼠标盒处于关闭状态，USB 橡胶塞处于塞上状态。使用机床后，关闭鼠标盒，塞上 USB 橡胶塞。鼠标盒不允许放置其他物品。

3. 机床门及手轮

使用机床前，确认机床门处于关闭（紧闭）状态。使用机床后，将手轮开关擦干净并放至原来的位置，关闭机床门。加工中不得打开机床门，中途离开要关闭机床门。

4. 工作台、皮老虎

使用机床前，确认机床各轴处于中间位置，确认皮老虎干净，确认工作台面干净。使用机床后，将机床各轴移动到中间位置，清理皮老虎，清理台面。

5. 电主轴及机头

使用机床前，确认电主轴甩盘及机头干净，确认电主轴上安装了未带压帽的刀柄。使用结束后清理机头下端面及电主轴甩盘，将未带压帽的刀柄安装在主轴上。

6. 刀库、刀柄

使用机床前，确认刀库中没有放置刀柄。使用机床后，必须取出刀库中的刀柄，分别拆开清理干净后，按照刀柄配压帽、夹头、刀具分别放在指定位置。

7. 机床标示牌

使用机床前，确认在待机状态。使用机床时，按照实际情况拨至"加工/教学"状态，暂停使用时，拨至"待机"状态。

8. 机床照明

机床处于长时间加工、暂停使用、使用人员暂时离开时，应关闭机床照明。

1.1.2　机床清扫规范要求

清扫人员应佩戴口罩及手套等防护措施，正确使用冲洗泵、毛刷、碎布、主轴清洁棒等工具对机床各部位进行清扫，并按照标准进行检查，保证清扫干净。

1. 主轴、机头的清理

1）使用专用的主轴清洁棒清理主轴锥孔，不可使用其他工具。

2）使用毛刷、碎布对主轴甩盘、机头进行清理和擦拭，不可使用气枪和冲洗泵。

2. 刀库的清理

1）清理刀库前，应先取出刀柄。

2）使用毛刷、碎布对刀套、机械臂等位置进行清理和擦拭，不可使用气枪和冲洗泵。

3. 碎屑的清理

1）清理碎屑时要注意不同材料的分类，不能将不同材料混在一起。

2）使用毛刷、碎布对主轴甩盘、机头进行清理和擦拭，不可使用气枪和冲洗泵。

4. 清扫结束

1）清扫结束后，如机床采用的是弹性的皮老虎，应恢复机床到各轴居中位置。

2）对清扫后产生的垃圾进行规范分类，统一收集并分类处理，不可随意丢弃。

5. 冲洗泵的使用

1）清理电木、亚克力等非金属材料时禁止使用冲洗泵，因为非金属材料会污染切削液。

2）清理主轴时禁止使用冲洗泵，因为切削液会从主轴缝隙进入主轴，造成主轴损坏。

3）使用冲洗泵前应确保刀库防护门关闭、主轴处于最高位，手持冲洗枪伸入机床内部，适当关闭防护门，可以有效减少切削液飞溅污染环境。

任务1.2　JD50系统基础知识

人与精密机床的交互是通过机床的操作面板完成的，机床的面板上设置了多种按钮，如图3-1-1所示。按下不同的按钮对机床进行控制，会发挥不同的作用。

1.2.1　面板介绍

机床面板实物如图 3-1-1 所示。

HMI 面板按键功能介绍

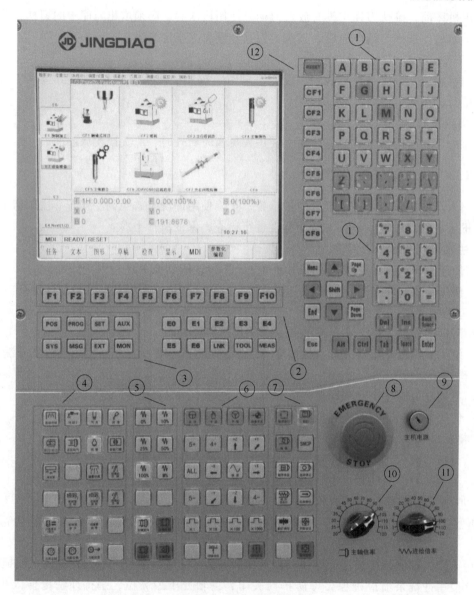

图 3-1-1　机床面板实物

①地址、数字与光标键等；②快捷方式键；③功能键；④辅助功能键（控制辅助功能运行的按键）；⑤快速倍率键（控制定位倍率）；⑥手动操作键（手动区域中按键点亮时，手动操作有效）；⑦自动运行键（执行程序编辑与运行等操作）；⑧急停按钮；⑨主机电源按钮（开启计算机）；⑩主轴倍率（控制主轴转速）；⑪进给倍率（控制进给速度）；⑫复位键。

1.2.2　面板按键及功能介绍

1）自动冷却▣：此功能开启时，如果程序中出现 M07、M08 时，机床会自动执行相关的冷却命令。如果此功能没有开启，则程序中的 M07、M08 指令将被跳过不执行。

2）油冷▣：该键被按下，冷却开启，机床会有切削液喷出。再按此键，切削液停止。

3）气冷▣：该键被按下，气冷开启，机床会有气体吹出。再按此键，气冷停止。

4）润滑▣：按下此键，对丝杠、导轨进行润滑。

5）拉刀/松刀▣：在手动方式下，按下"拉刀/松刀"键的同时，可对主轴刀具进行装卸。注意此时主轴转速必须为零，否则严禁用手去触碰刀柄。关于手动方式后续会说明。

6）正压吹气▣：正压吹气系统能够防止油雾和粉尘等进入主轴内部。进入加工系统，必须开启"正压吹气"，否则将无法进行加工。

7）照明▣：控制机床加工区域照明灯的开与关。

8）安全门锁▣：按键指示点亮时，证明机床门处于关闭状态，再按此键，机床门才可以打开。

9）冲洗泵：按下此键可对机床内废屑进行冲洗。

10）刀库推出▣：按下此键将刀库推出，且自动定位到主轴当前刀号位置。

11）刀库退回▣：按下此键，刀库退回。

12）0%～M%："快速定位倍率键"，0% 为系统默认速度；100% 为最高速度倍率。M% 的速度取决于进给倍率旋钮。

13）主轴定向：按下此键，主轴旋转并定位到指定角度。

14）主轴起动▣：当主轴起动时，指示灯亮起。

15）主轴停止▣：当主轴停止时，指示灯亮起。

16）步长键：决定"点动"步长的大小。刀具移动的最小距离为 $1\mu m$（即 0.001mm）。步长按键分为 4 个等级，分别为×1（0.001mm）、×10（0.01mm）、×100（0.1mm）、×1000（1mm）。

17）点动▣：在点动方式下，每按一次方向键，刀具会沿方向键指定的方向移动一定的步长。移动的步长大小由"步长"键决定。

18）寸动▣：在寸动方式下，持续按下方向键，刀具会沿方向键指定的方向连续移动，松开方向键，则停止运动。

19）手轮▣：在手轮模式下，只有通过手轮才可以控制机床各轴的移动。

在手轮模式下，通过进给轴选择开关选择要移动的轴。旋转手轮，机床沿相应方向移动，顺时针方向旋转为正向移动，逆时针方向旋转为负向移动。×1 档为手轮旋转一刻度，移动 0.001mm；×10 档为手轮旋转一刻度，移动 0.01mm；×100 档为手轮旋转一刻度，移动 0.1mm。

20）回参考点▣：用于使设备各轴返回参考点位置，配合各轴方向键可执行单轴回参考点，配合"ALL"键可执行所有轴回参考点。

21）ALL：与"回参考点"键同时使用，将所有轴回参考点（即零点）。默认回参考点的顺序为Z-X-Y。为保证安全，Z轴必须优先回参考点，X、Y轴可按实际情况排序。

22）方向键 ⬅️➡️↗️↙️↑️↓️：控制各轴的移动方向。

23）快速 🏠："快速"键与"方向"键同时开启，为快速移动，可通过快速倍率键选择相应的移动速度。

24）程序启动 ⬛：在自动工作方式下，按下此键，CNC开始执行一个加工程序。

25）程序运行 🖥️：用于使系统进入自动运行状态，只有此状态开启，才可实现对文本程序的启动、暂停等操作。

26）MDI：又称手动数据输入，按下此键，可在PROG程序界面的MDI控制面板上输入程序段并执行该程序。

27）编辑 📝：按下此键，可编辑、检查、修改程序和系统参数。

28）程序单段 ➡️：按下此键，按键指示灯亮，系统处于单段运行状态。每按下一次"程序启动"键，系统执行一行程序段并暂停。采用这种方式可对程序及设置进行检查。

29）选择停止 ⏸️：按下此键，按键指示灯亮，系统处于选择停止状态。系统在自动运行方式下，运行到"M1"指令位置时停止执行。若未按此键，则遇到M1指令时，程序不会停止。

30）程序空运行 📊：按下此键，按键指示灯亮，系统处于空运行状态，通常在编辑加工程序后，试运行程序时使用此功能。此时，机床以系统内部参数设定的恒定进给速度运行而不检查程序中所指定的进给速度。该功能主要用于在机床不装夹情况下检查刀具的运行轨迹。

31）机床锁住 🔒：按下此键，按键指示灯亮，系统处于机床锁住执行状态。该功能常用于加工程序的指令和位移检查。

32）MST锁住 🔒：按下此键，M、S、T代码的指令被锁住不执行。

33）手轮试切 🎛️：按下此键，开始程序加工。加工运动是由手轮来控制的：手轮顺时针方向旋转，程序正向执行；手轮逆时针方向旋转，程序逆向执行。

34）程序暂停 ⏸️：在程序启动状态下按下此键，程序运行及刀具运行将处于暂停状态，其他功能如主轴转速、冷却等保持不变；按下"程序启动"键，机床重新进入运行状态。

35）主轴倍率：用于控制主轴转速百分比。

36）进给倍率：用于控制进给速度百分比。

37）急停：紧急停止。当加工出现异常或遇到紧急情况时，应及时按下此键，设备将立即停止所有运动，呈报警状态。顺时针方向旋转急停旋钮，可使急停键复位，之后才能进行后续工作。

38）【POS】键：按此键，进入坐标显示界面，可显示相对坐标、绝对坐标和机床坐标。

39）【PROG】键：按此键进入程序处理界面，可打开和编辑程序，进行MDI操作。

40）【SET】键：按此键进入坐标系和刀长补偿设置界面。

41）【SYS】键：按此键进入系统界面，用来设置设备的机械和运动参数。

42）【MSG】键：按此键进入信息界面，显示设备的报警信息。

43）【EXT】键：按此键进入扩展界面。

44）空白键：用于用户自定义功能。

45）【RESET】键：复位键，用于使程序重新开始或者取消错误报警等。

机床面板中的 F1～F10、CF1～CF8、E0～E6 都是相应的快捷键。字母按键和普通计算机键盘使用方法相同。

任务 1.3　刀具的使用

在安装刀具时是参照编程人员下发的程序单，根据程序单中的要求，如刀具信息、装刀长度、刀柄规格等，对应安装需要的刀具。刀具的夹持方式可分为：筒夹刀柄、热缩刀柄、冷压刀柄、液压刀柄等。采用弹簧夹头夹持刀具，刀具装夹的精度直接影响机床加工精度，所以在使用过程中应格外注意清洁，使用后也要及时清洁和保养。

1.3.1　筒夹刀柄刀具的安装过程

1. 装夹前的检查

1）检查刀具规格牌号，应与要求的一致。

2）检查刀具总长度：伸出长度需满足加工要求，夹持长度满足夹头夹持要求。

3）检查刀具刃口，刃长、避空应满足加工要求。

4）检查弹簧夹头、螺母、刀柄，应干净、无损伤。

5）检查刀杆直径、夹头、压帽、刀柄，应是配套的。

2. 刀具装夹过程

刀具坊是完成刀具统一标准化管理的场所，由专人根据用刀需求，完成刀具资源协调、检查、安装，满足生产现场的实际用刀需求。

刀具坊装刀

以 BT30 刀柄为例，其装夹过程如下：

1）对夹头、压帽、刀柄锥孔进行清洁，可使用 WD40（除湿防锈润滑剂）、无尘布、气枪对螺纹及配合锥面进行清洁，如图 3-1-2 所示。

刀具坊拆刀

图 3-1-2　清洁压帽、夹头

2）将夹头按入压帽中，如图 3-1-3 所示。

3）将压帽旋入刀柄，如图 3-1-4 所示。

4）装入刀具，测量刀具伸出长度应满足要求，手动旋紧压帽。

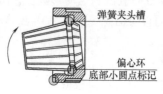  

图 3-1-3　安装压帽与夹头

5）将刀柄安装在锁刀座上。

6）用扳手拧紧压帽，如图 3-1-5 所示。

  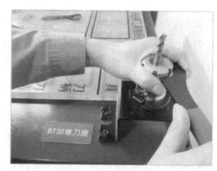

图 3-1-4　压帽旋入刀柄　　　　　　　　图 3-1-5　拧紧压帽

7）按照程序单要求完成其余刀具的安装。

8）用刀具车将安装好刀具的刀柄转运到机床边。

3. 在机床上装刀

刀库面板如图 3-1-6 所示。

1）按机床面板上的"寸动"键，旋转刀库面板上的"手控模式"旋钮至"开"位置。

刀库拆、装刀

2）打开刀库门，点动"分度正转"或"分度反转"按钮，将所需刀位移动到装刀区域。

3）根据程序单要求的装刀位置，取出对应刀套，将刀柄安装在刀套上。

4）将刀套安装回原位。

5）依次完成其他刀具在机床上的安装，装刀的位置应与程序单中要求的一致。

6）安装结束后，关闭刀库门。

7）旋转"手控模式"旋钮至"关"位置，按下"调试完成确认"键。

8）按机床面板上的"回参考点"键，再按"刀库回零"键。

4. 手动装刀

1）按机床面板上的"点动"键。

2）左手握住刀柄，右手长按"松拉刀"键 5s。

图 3-1-6　刀库面板

3）对准刀柄与主轴的角度（每个主轴角度是不同的），向上安装刀柄，同时右手松开，将刀柄安装到主轴上。

1.3.2　筒夹刀柄刀具的拆卸

1. 在机床上拆卸筒夹刀柄刀具

1）使用专用工具将刀柄从机床刀库刀套中取出。

2）将刀柄依次放置在刀具车上。

3）将刀具车转运到刀具坊。

2. 在刀具坊拆卸筒夹刀柄刀具

1）将刀柄安装在锁刀座上，用扳手逆时针方向旋转压帽，拧松压帽后继续旋转，直至刀具松开。

2）将刀具分类放置在指定区域。

3）分别拆开压帽、夹头、刀柄。

4）用气枪对压帽、夹头、刀柄进行清理。

5）用超声波清洗机对压帽、夹头、刀柄进行清理。

6）对压帽、夹头、刀柄喷涂 WD40 后，分类放置在指定区域。

1.3.3　热缩刀柄的使用及注意事项

热缩刀柄通常是利用加热装置使刀柄的夹持部分在短时间内受热，刀柄内孔扩张，装入刀具后，将刀柄内孔冷却，冷却后产生很高的径向夹紧力，将刀具夹持住。热缩刀柄可以解决高速精密加工中极为重要的动平衡、振摆精度及夹紧强度问题。热缩刀柄需与专用的热缩机配合使用。

1. 热缩刀柄的使用过程

1）准备。准备要用的刀具和刀柄，并按照刀具伸出长度要求，使用专用的弹簧片固定在刀具合适位置。

2）加热。戴上隔热手套，将刀柄放到热缩机上，根据参数表设置加热时间（不同规格刀柄的加热时间是不同的），开始加热。

3）装夹。加热完成后，用镊子夹住刀具，将刀具安装到刀柄中。

4）冷却夹紧。关闭加热功能，开启冷却功能，待温度降至室温后，取下刀柄。

5）加热取出。刀具使用结束后，参照安装时的要求，对刀柄进行加热，取出刀具。

热缩刀柄使用过程示意图如图 3-1-7 所示。

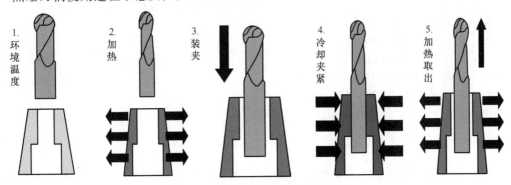

图 3-1-7　热缩刀柄使用过程示意图

2. 注意事项

1）在加热刀柄前必须给刀具安装弹簧片，用于在安装刀具时保证装刀长度，在取出刀具时防止加热后的刀具掉入刀柄内。

2）使用过程中要全程佩戴隔热手套，防止烫伤。

3）拆下的刀具、刀柄、弹簧片温度很高，必须放置在指定位置，以防发生危险。

任务1.4　千分表的用法

千分表的分度值为0.001mm，因其比百分表的精度更高，适用于较高精度要求的测量，需要在振动较小的情况下使用。

1.4.1　千分表的结构

千分表实物如图3-1-8所示。

1.4.2　测杆与被测表面的位置关系

调整千分表以及表架杆，使测杆轴线尽可能与被测平面平行，测杆接触被测面，指针压缩量为0.03~0.06mm，如图3-1-9所示。

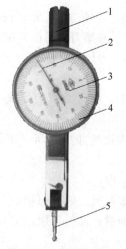

图3-1-8　千分表实物

1—连接销，用于连接千分表和表架

2—指针　3—表盘（与指针配合读数，

最大值与最小值的差值即测量值）

4—表圈，用于指针归零位（便于读数）

5—测杆，与被测表面接触（注意方向）

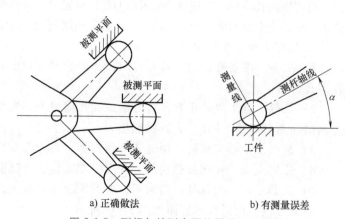

a) 正确做法　　　　　　b) 有测量误差

图3-1-9　测杆与被测表面位置关系示意图

1.4.3　测杆的运动方向

使用千分表进行测量时，测杆的运动方向必须是正确的，错误的方向会损坏千分表。如图3-1-10所示，建议测杆沿S1方向运动，不建议沿S2方向运动，禁止沿S3方向运动。

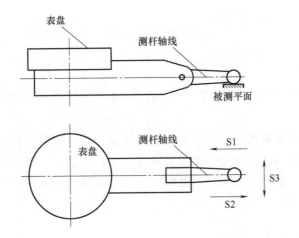

图 3-1-10　测杆运动方向示意图

1.4.4　测杆的调整

实际使用时，可转动测杆，使测杆轴线尽可能与被测平面平行，如图 3-1-11 所示。

图 3-1-11　测杆调整示意图

1.4.5　千分表的使用及注意事项

1. 检验

1）托住表的后部，手指轻推测杆，表针旋转应顺畅。

2）旋转千分表的表圈，使表盘的"0"位对准指针。

3）用手指反复轻推测杆，指针能回到"0"位。

测量工件
安装精度

2. 测量

1）将连接销和表头装配在一起，用一字螺钉旋具拧紧，装配表头和表座，手动拧紧螺母。

2）将表座底部贴合到机头或工作台上，打开磁力开关。

3）调整表杆到合适的位置，调整测杆位置，清洁测杆和待测表面。

4）移动测杆测量，读取读数，最大值减去最小值即为读数。

5）拆卸表座和表头，清洁后放回原位。

3. 注意事项

1）不能用千分表测量表面粗糙度值太大的工件。

2）测量前应保证各连接位置牢固、可靠。

测量刀具跳动

3）测量过程中，不允许超量程。

4）读数时坚持"垂直观察、正面读数"的原则，以减小读数误差。

5）禁止碰、敲、摔、磕千分表。

任务 1.5　夹具的安装及校正

平口钳安

装方法

加工过程是离不开夹具的，夹具在加工过程中起定位、夹紧的作用，对夹具也有很多要求。机用平口钳是一种安装在铣床上的夹具，一般用于小型工件的装夹。千分表、铜棒或铝棒、T型螺钉、扳手都是安装机用平口钳时要用到的工具。

1.5.1　机用平口钳的安装

1）清理机床工作台和机用平口钳底面。

2）参照工作台的T形槽，摆正机用平口钳，安装T型螺钉和压块。

3）用手拧紧螺母。

1.5.2　机用平口钳的校正

测量夹具

安装精度

机用平口钳的校正如图 3-1-12 所示。

1）打开机用平口钳的钳口。

2）用千分表测头与固定钳口垂直面接触，使测杆压缩 0.1mm。

3）沿着钳口平面上下移动千分表，观察高低点，根据高低点判断机用平口钳底面需要垫的垫铁的厚度和位置（一般精密级机用平口钳是不需要垫铁的）。

4）沿着钳口平面水平移动千分表，根据千分表指针读数大小观察高低点。假设高点读数为 a，低点读数为 b，敲击高点，使得高点读数变为 $c=b+(a-b)/2$；重复上述动作，直至千分表指针在 1 格内摆动。

5）调整机用平口钳位置，同时逐步拧紧固定螺母（此过程需要反复进行，直至钳口的直线度满足要求）。

6）拧紧固定螺母，再次检验钳口与机床各轴之间的位置度，应满足要求。

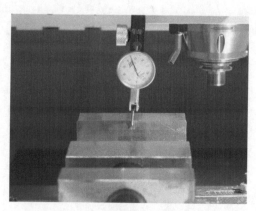

图 3-1-12　机用平口钳的校正

1.5.3　压块的使用注意事项

1）压块的安装要保证水平，倾斜安装不能起到可靠连接的作用，如图 3-1-13a 所示。

2）安装后要注意压块与刀柄的干涉，如图 3-1-13b 所示。

3）注意 T 型螺钉与刀柄的干涉，如图 3-1-13c 所示。

T 型螺钉与压块的相对位置要正确，错误的安装不能提供可靠的压力，如图 3-1-14 所示。

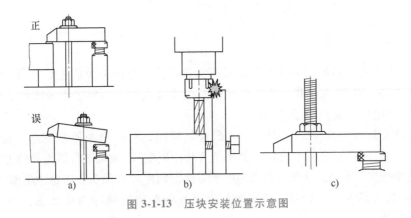

图 3-1-13　压块安装位置示意图

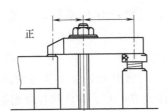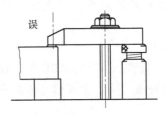

图 3-1-14　T 型螺钉与压块的相对位置

1.5.4　零点定位系统的安装及校正

零点定位系统是一个独特的定位和锁紧装置，能保证工件从一个工位到另一个工位、一个工序到另一个工序、或一台机床到另一台机床时，零点始终保持不变。这样可以节省重新找正零点的辅助时间，保证工作的连续性，提高工作效率。零点定位装置实物如图 3-1-15 所示。

以安装 03-X5000 零点定位装置至机床 GR200 上为例，其过程如下：

1）清洁夹具底部和工作台面。

2）安装 T 型槽螺栓，安装固定螺钉。

3）用千分表测量零点定位装置外圆跳动量，使其在 0.005mm 以内。

图 3-1-15　零点定位装置实物

4）锁紧固定螺钉。

任务 1.6　测头的使用方法

主轴移动时测头上的探针与工件表面接触，由于机床的数控系统实时地记录并显示主轴的位置坐标值，因此，可以结合测针的触头与工件的具体位置关系，利用机床主轴的坐标值换算出工件被测量点的相关坐标值。获得工件各个被测量点的相关坐标值以后，再根据各坐标点的几

测头标定　　校验轴心
操作方法

何位置关系进行相关计算，便可以获得最终的测量结果。

1.6.1　测头的配置

测头按照品牌分为雷尼绍测头和马波斯测头，以雷尼绍测头为例进行介绍。

1）安装电缆，JD50 系统机床均在电控柜左侧安装板下方预留了测头接收器的接口。使用测头前，需将电缆安装至端子排上。

2）在机床上进入"系统"→"PLC"→"配置"界面，将"测头控制使能"设置为"1"，在"系统"→"PLC"→"变量"中设置"测头是否脉冲类型"。如果接收器为脉冲方式，则配置"测头是否脉冲类型"为 1；如果接收器为电平方式，则配置"测头是否脉冲类型"为 0。

另外，可在"系统"→"PLC"→"配置"界面查看或修改脉冲测头状态：当"脉冲测头状态（1 开）"值为 1 时，证明脉冲方式的测头已经打开；如果"脉冲测头状态（1 开）"值为 0，证明脉冲方式的测头已经关闭。也可通过修改该值来匹配当前脉冲方式的测头状态。

3）I/O 属性配置。调试前需要根据测头型号设置相关信号的属性，选择"系统"→"参数"→"I/O 属性"，设置 X043.5、X043.6、X043.7 的常开属性，将信号使能都设为"1"。常闭信号将常开属性设成"0"，常开信号将常开属性设成"1"。I/O 属性界面如图 3-1-16 所示。

IO 属性										
辅助轴	X043.5	1	0	0	0	0	0	0	0	0
辅助计数器	X043.6	0	0	0	0	0	0	0	0	0
辅助功能	X043.7	1	1	0	0	0	0	0	0	0
并行轴控参数										

图 3-1-16　I/O 属性界面

1.6.2　测头打表

1）准备测头刀柄 1 个（根据机床刀库而定，有些刀柄需要连接头与测头相连）、测头 1 个、顶针螺钉 6 个（平底 4 个、锥底 2 个）、探针 1 个。将测头刀柄通过 6 个螺钉与测头连接，4 个平底螺钉用于调节测针同轴度，2 个锥底螺钉用于锁住测头以防止其脱落。用 6 个顶丝将测头刀柄和测头组装在一起。

2）将测头手动安装到机床主轴上，首先确保机床主轴定向是关闭的，如果主轴定向开启，则在 MDI 方式下运行 G80 取消定向，接着通过"SYS/PLC/E0 软面板"方式释放主轴变频器。释放后的测头可以手动旋转。测头安装前后对比如图 3-1-17、图 3-1-18 所示。

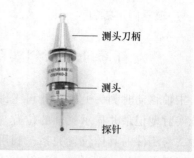

测头刀柄

测头

探针

图 3-1-17　测头安装前　　　　　　图 3-1-18　测头安装后

3）将千分表表座固定在工作台或机头上，用千分表测头抵在探针触头上，通过手轮上下、左右移动测头找到接触量的最大值，此时代表千分表测头在探针触头的中心。

4）手动旋转测头，找到千分表受力最大的点，此时适当拧紧离该点最大的调节螺钉，再适当拧松对面的螺钉。完成后重新检查测头跳动量，重复该操作，直到千分表表针的摆动保持在1格（0.002mm）以内。也可在MDI方式下输入S20 M3，用程序控制主轴旋转。

1.6.3　测头标定

测头物理特性的影响和实际测量过程中各影响要素的误差累积，会影响测量数据的精度，因此一般在测量前都会对测头进行标定，然后在测量过程中按照一定测量方向进行补偿，以消除测量误差。

1）安装测头，确保测头打表误差在0.002mm内，将标准环或标准球擦拭干净，固定在工作台上。

2）在MDI方式下进行测头刀长测量。

3）在"偏置/设置"→"刀具"界面进行刀具防呆设置，将测头刀长和磨损限制使能置"1"，如图3-1-19所示。

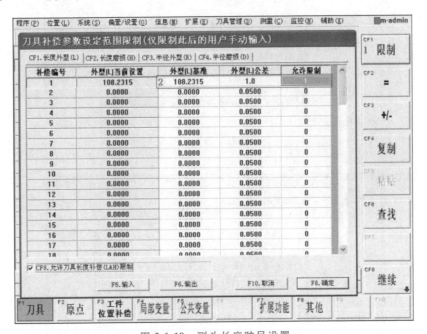

图3-1-19　测头长度防呆设置

4）打开"系统"→"宏程序参数"界面，先单击【编辑】按钮，然后分别设置工作模式、运动与标定、球形测针参数。第一次使用时需要设置的项较多，比如软限位参数的设置需要人工查询后手动一个数值一个数值地输入。一旦设置完成了，后续这些数据即为只读，除非下一次改写。设置完成后单击【保存】按钮。

5）以JD Carver600_A12S机床为例。主轴可定向；雷尼绍OMP40-2测头，测头刀具编号为13号，测头刀长补偿编号也为13号；球形测针，长度为30mm，直径为3mm，测量方向仅有 XY 平面内测量或 Z 负向测量，即 2.5D 探测；使用标准环进行标定，标准环直径为 20.1025mm。需要进行的参数配置如图 3-1-20 ~ 图 3-1-22 所示。星号项为用户修改后参数。

图 3-1-20　参数设置 1

图 3-1-21　参数设置 2

图 3-1-22　参数设置 3

6）打开"测量"→"测头"菜单，依次单击【E0. 校准】→【CF1. 测头标定】，并按照向导选择测头和标准件状态，如图 3-1-23 所示（默认两个都选情况 1）。

7）按【程序启动】键后按"F8 暂停并操作"键，根据系统向导操作即可。如果标定中途报警或提示超差，可尝试用无尘布清洁标准球和测针后，再重新进行测量。

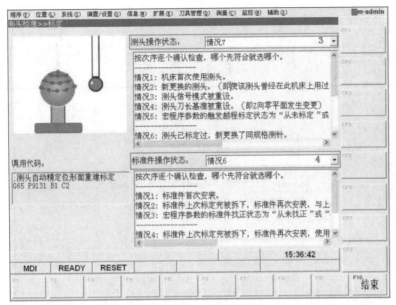

图 3-1-23 参数设置 4

任务 1.7 机床基本操作方法

要使用机床进行加工或者测量，必须满足机床的使用条件：机床需要电、气进行辅助；需要预热提升机床状态；需要建立工件坐标系，机床才能知道加工工件在机床中的位置；需要对刀长，机床才能知道刀具的"长度"；需要有经过软件编程，输出后的数控程序，才能控制机床完成相应动作。在操作机床时，就是在逐项完成满足机床使用条件的工作。

1.7.1 开启机床

1. 开启总电源

旋转凸轮旋钮指向上电位置，旋转主机电源钥匙开启总电源，单击 EN3D8 图标进入 JD50 系统控制界面。

开机过程

2. 各部件回零

1）在机床操作面板上依次按【回参考点】键、【ALL】键，机床停止动作后执行下一步。

2）按【主轴定向】键，主轴停止转动后，执行下一步。

3）按【机械臂回零】键，刀库防护门升起后，执行下一步。

4）按【刀套退回】键，按键灯亮起后，执行下一步。

5）按【刀库回零】键，刀库停止动作后，各部件回参考点完成。

1.7.2 暖机

1）依次按机床面板上的【MDI】【PROG】键，按"F8 参数化编程"键，如图 3-1-24 所示。

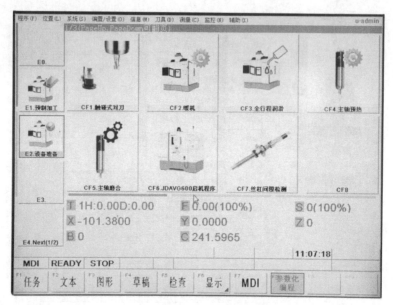

图 3-1-24　参数化编程界面

2）按 "CF2 暖机" 键，在界面中设置相关参数，如图 3-1-25 所示。

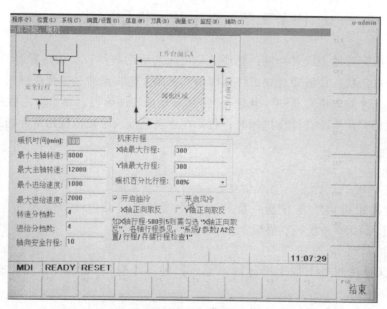

图 3-1-25　暖机设置界面

3）按【程序启动】键。

1.7.3　建立工件坐标系

使用测头建立工件坐标系前，需完成测头的配置、打表和标定。测头分
中示意图如图 3-1-26 所示。

1）以 "外矩形中心点" 为例，进行更新原点设置。在 "外矩形中心

测头分中及
单点触碰

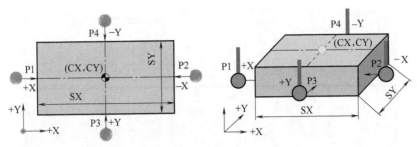

图 3-1-26　测头分中示意图

点"测量功能项界面，设置目标更新原点，如图 3-1-27 所示。

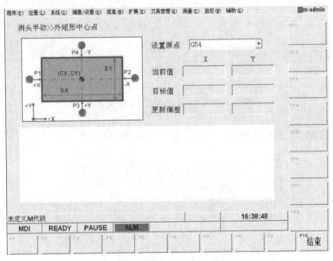

图 3-1-27　"外矩形中心点"界面

2）测量点探测。进行 X+向探测，使用手轮移动测头到外矩形左侧 X+探测面附近，使测头表面与目标面距离目测约为 10mm 左右（最大不超过 15mm），在"外矩形中心点"测量功能项界面右侧单击"X+"，或在操作面板中按【CF1】键，进行 X+向探测。X+向探测完成后，"X+"向探测按钮消失。

3）采用与 X+探测相同的方法，依次完成 X-向、Y+向、Y-向的探测。

4）原点更新。单击界面右侧【更新原点】按钮或在操作面板中按下【CF7】键，执行更新原点操作。更新原点完成后，【更新原点】按钮消失。

5）退出功能项. 将机床 Z 轴移至安全位置，单击【结束】按钮或在操作面板中按【F10】键或【RESET】键，"外矩形中心点"测量功能项测量结束。

6）单击"Z 单点"按钮完成工件上表面测量。

1.7.4　建立刀长

1）依次按机床面板上的【MDI】【PROG】键，按"F8 参数化编程"键。

2）按【CF1 触碰式对刀仪】键，在界面中单击"AF8 设置"，如图 3-1-28所示。

对刀

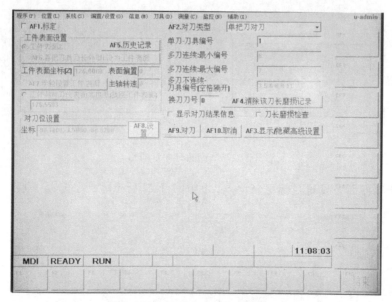

图 3-1-28 触碰式对刀仪设置界面

3）单击"F6 运动到记录的对刀位最高处"，如图 3-1-29 所示。

图 3-1-29 设置弹窗

4）按【手轮】键，用手轮控制 Z 轴移动，使刀尖移动到对刀仪上方 5~8mm 处。

5）依次按【MDI】【程序启动】键，对刀结束后，刀长信息记录在"外型"栏 L 值中，如图 3-1-30 所示。

图 3-1-30 刀具显示信息

6）用同样的方法完成其他刀具的对刀操作。

1.7.5 运行程序

1. 程序加载

1）依次按【编辑】【PROG】键，单击【程序】，再单击【EO】打开程序，如图 3-1-31 所示。

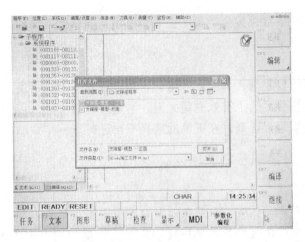

图 3-1-31　数控系统"程序"位置

2）找到需要打开的文件，在界面中按【CF7 编译】键。

2. 检查

1）程序中调用的刀号、补偿号与机床刀库中的刀具应一致。

2）程序中调用的刀具均应完成了建立刀长的操作。

3）"刀具"栏中的 H、D、R 补偿值应是正确的，如未调用，应清空。

4）"工件位置补偿"栏中的值应是正确的，如未调用，应清空。

5）工件、夹具装夹应稳定、可靠。

6）工件坐标系应是正确的。可在 MDI 方式下运行"G54　X0　Y0"，将刀具移动至毛坯 X、Y 中心进行判断；或使用手轮方式试切，通过起刀点和第一层切削的深度判断工件坐标系是否正确。

打开文件及
手轮试切

任务1.8　常见问题及处理方法

为保护精密机床，使其在使用中不被损坏，在不同的位置布置了传感器，如发生错误的操作，会使机床部件进入错误的位置，导致机床报警；错误的操作顺序也会触发逻辑报警，导致机床报警。因此，要做到严格按照机床操作规程使用机床，避免机床报警。

1.8.1　常见错误操作

1. 程序无法启动

程序无法启动时，应逐一检查以下项是否正常：设备各轴回参考点、主轴定向、刀库回参考点、机械臂回参考点、正压吹气开启、选择加工文件、文件编译、主轴锁住。

2. 刀库无法推出

刀库无法推出的原因是前置操作不正确，应逐一检查以下项：主轴距离刀库距离是否近、刀库是否没有推出空间、刀库是否未回参考点、是否未在手动模式、刀具编号是否错误、主轴上和刀库内是否均有刀或者无刀。

3. 机械臂卡刀

当在换刀过程中按下复位按钮，机床会立即停止当前动作，导致刀柄卡在机械臂上，此操作是严令禁止的。

4. 扎刀

造成扎刀的原因比较复杂，如：刀号错误、刀长错误、刀补错误、工件坐标系错误、毛坯尺寸错误、夹具位移等。为了有效避免扎刀，一定要开启手轮试切，同时在程序运行前认真检查各环节操作结果是否正确，在正确的前提下再进行下一步操作。

1.8.2 主轴、刀具编号相关问题

1. 刀具编号不正确

手动松拉刀按钮安装刀具后，需要在弹出的界面中输入对应的刀号，输入错误的刀号会触发报警。需要按照顺序按【SYS 系统】→【PLC】→【变量】→【主轴】键，将刀号修改成正确的。

2. 刀具编号冲突

盘式刀库和链式刀库能够实现机械臂快速换刀，刀位号和刀具编号可以不相同；伞式刀库和伺服刀库的刀位号和刀具编号必须相同。无论是何种形式的刀库，刀具号都要在刀库的容量范围内。当出现报警时，应先确认刀库的刀位有无刀情况和变量中的设置一致，再确定主轴上装载的刀具的刀号。

3. 主轴手动转动方法

在某些特定情况下，需要手动旋转主轴。默认状态下，主轴定向是开启的，需要取消定向。解决办法：按【MDI】键，输入 G80（取消主轴定向），按【手动模式】→【SYS 系统】→【PLC】键→软面板，选择精雕变频器释放。操作结束后，选择精雕变频器锁住。

1.8.3 行程相关问题

1. 某轴限位报警

发生此种情况时，应使用手动模式移动某轴触发限位开关，反向移动某轴，消除报警。在使用手动模式移动某轴时，应先使各轴回原点。

2. 某轴超行程报警

加工过程中出现某轴超行程报警，有两个原因：工件安装位置不合理和刀具长度不够，所以，夹具安装位置和装刀长度应与编程中的要求一致。

1.8.4 附件报警

1. 润滑泵报警

出现润滑泵报警时，应检查润滑液位，如果液位低，及时补充润滑油。

2. 低、高液位报警

此时应检查切削液箱的液位，过低或者过高都会触发报警。当发生低液位报警时，应及时补充切削液。

3. 滤芯达到使用寿命

此时应检查对应滤芯的使用情况，并及时更换。

1.8.5　机床使用环境

1. 低、高电压报警

此时应用万用表检查三相电压，需满足机床供电要求，同时三相电压要平衡。出现此问题应与专人联系解决供电问题。

2. 气压报警

机床在运行过程中，最低气压应高于 0.52MPa。出现气压报警时应检查润滑主管道进气压力指示表，如读数在 0.52MPa 以下，应与专人联系解决供气问题。

任 务 小 结

1) 本任务介绍了机床使用规范、机床操作方法、刀具安装方法、千分表的用法、机用平口钳的安装方法、测头的基本用法和常见问题的处理方法。

2) 通过熟悉以上操作方法，可根据程序单，配合程序要求，完成工件的加工。

3) 操作技能需要反复练习才能融会贯通。

思 考 题

(1) 讨论题

1) 按下手轮试切按钮后，只能通过手轮正向旋转机床才会执行动作，有什么好处？

2) 测量刀具的必要性是什么？

3) 为什么安装夹具前要清理干净机床工作台表面和夹具？

(2) 选择题

1) 点动模式下，需要 X 轴向正方向移动 0.1mm，应该（　　　）。

A. 点动×1 档位，按 X+　　　　　　　　B. 点动×10 档位，按 X+

C. 点动×100 档位，按 X+　　　　　　　D. 点动×1000 档位，按 X+

2) 装刀前，首先应该进行的操作是（　　　）。

A. 检查数控程序单　　B. 清洁操作台　　C. 清洁刀具　　D. 准备刀具车

3) 手轮上控制各轴的档位有（　　　）个。

A. 3　　　　　　　　B. 4　　　　　　　　C. 5　　　　　　　　D. 4 或 5

4) 手轮上控制移动距离的档位有（　　　）个。

A. 1　　　　　　　　B. 2　　　　　　　　C. 3　　　　　　　　D. 4

5) 要使用测头，需要组装的零部件有（　　　）。

A. 测头刀柄　　　　　B. 测头　　　　　　C. 测针　　　　　　D. 顶丝

6) 调整测头跳动，需要使用的工具或仪表有（　　　）。

A. 千分表　　　　　　B. 磁力表座　　　　C. 内六角扳手　　D. 螺钉旋具

7) 安装机用平口钳时，不需要使用的工具或仪表有（　　　）。

A. 千分表　　　　　　B. 磁力表座　　　　C. 内六角扳手　　D. 螺钉旋具

(3) 填空题

1) 使用测头矩形分中时，按 X+，测针会向（　　　）方向移动。

2) 要用手轮控制机床移动时，应使用（　　　）模式。

3）在安装刀具的过程中，必须严格执行（　　　）的要求。

4）刀具使用结束后，应该将刀柄、夹头、压帽进行（　　　）。

5）测量刀具跳动时，刀具的运动状态是（　　　）。

（4）判断题

1）操作熟练的情况下，可以不使用手轮试切按钮，直接加工。（　　　）

2）开机过程结束后，机床绿色指示灯会亮起。（　　　）

3）点动×1000 档位，按 X+，机床会向 X 轴正方向移动 1mm。（　　　）

4）刀具从压帽伸出的长度就是刀具的装刀长度。（　　　）

5）装刀长度小于程序中要求的长度也是可以正常使用的。（　　　）

6）机床刀库内刀套的编号是连续的。（　　　）

任务2

常用参数化编程

知识点介绍

通过本任务，学习一些简单的参数编程方法，包括铣平面、铣外圆、铣内孔、铣带圆角矩形，使用测头进行分中和单点触碰操作，以及主轴预热和暖机操作。

能力目标要求

1）能够根据机床状态对机床进行主轴预热和暖机操作。

2）学会使用测头进行简单的分中以及单点触碰操作。

3）学会使用刀具进行一些简单的加工操作，如铣平面、外圆、内孔、带圆角矩形等。

任务2.1 铣 平 面

平面

2.1.1 加工准备

机床正常开机，各轴进行回参考点操作。在铣平面前，需要确定夹具安装是否稳固、毛坯是否装夹稳定、主轴当前是否安装刀具、刀具是否进行了对刀操作、是否建立了工件坐标系。

2.1.2 设定参数

依次按机床面板上的【MDI】【PROG】键，选择"F8 参数化编程""E1 预制加工""CF1. 铣矩形面"，如图3-2-1所示。

根据弹窗提示以及文字说明进行参数设定，如图3-2-2所示。

操作提示：

1）设定 X、Y 方向长度参数时需要结合实际加工的毛坯来进行设定。建议设定的参数范围大于毛坯实际尺寸。

2）使用参数化编程需要确定工件坐标系和刀长信息。

2.1.3 运行程序

参数设定完成后，依次按机床操作面板上的【程序运行】【手轮试切】【程序启动】键。

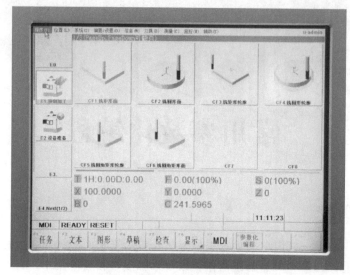

图 3-2-1　参数化编程界面

图 3-2-2　铣矩形面界面

使用手轮控制程序运行，待实际运行轨迹与设定参数无误后，关闭手轮试切，如图 3-2-3 所示。

图 3-2-3　铣矩形面

操作提示：

在加工过程中可根据切削声音、振动以及切屑判断参数是否合理。可通过调整主轴倍率旋钮控制主轴转速，调整进给倍率旋钮控制进给速度。

任务2.2　铣　外　圆

外圆

2.2.1　加工准备

机床正常开机，各轴进行回参考点操作。在铣外圆前，确定夹具安装是否稳固、毛坯是否装夹稳定、主轴当前是否安装刀具、刀具是否进行了对刀操作、是否建立了工件坐标系。

2.2.2　设定参数

依次按机床面板上的【MDI】【PROG】键，选择"F8参数化编程""E1预制加工""CF4.铣圆形轮廓"。

根据弹窗提示以及文字说明进行参数设定，如图3-2-4所示。

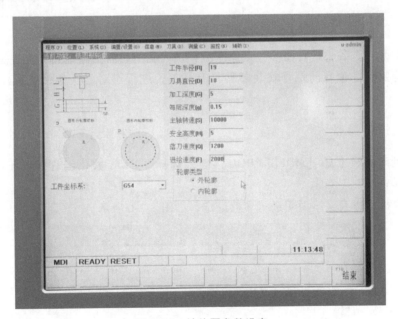

图3-2-4　铣外圆参数设定

操作提示：

1）轮廓类型选择外轮廓，工件坐标系原点默认在毛坯上表面圆心。

2）注意加工的深度参数设定，需要结合毛坯伸出长度、刀具伸长长度、刀具避空长度进行设定。

2.2.3　运行程序

参数设定完成后，依次按机床操作面板上的【程序运行】【手轮试切】【程序启动】键。

使用手轮控制程序运行，待实际运行轨迹与设定参数无误后，关闭手轮试切，如图 3-2-5 所示。

图 3-2-5　铣外圆

任务2.3　铣　内　孔

内孔

2.3.1　加工准备

机床正常开机，各轴进行回参考点操作。在铣内孔前，需要确定夹具安装是否稳固、毛坯是否装夹稳定、主轴当前是否安装刀具、刀具是否进行了对刀操作、是否建立了工件坐标系。

2.3.2　设定参数

依次按机床面板上的【MDI】【PROG】键，选择"F8 参数化编程""E1 预制加工""CF4. 铣圆形轮廓"。

根据弹窗提示以及文字说明进行参数设定，如图 3-2-6 所示。

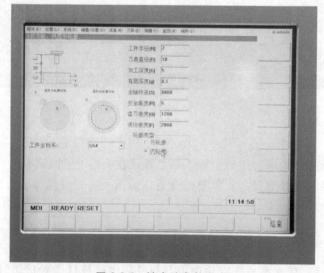

图 3-2-6　铣内孔参数设定

操作提示：

1）使用铣圆形轮廓加工内孔时，刀具走的是轮廓切削，注意工件直径不要小于刀具直径，也不要大于两倍的刀具直径。

2）工件坐标系原点默认在上表面圆形中心。

2.3.3　运行程序

参数设定完成后，依次按机床操作面板上的【程序运行】【手轮试切】【程序启动】键。

使用手轮控制程序运行，待实际运行轨迹与设定参数无误后，关闭手轮试切。如图 3-2-7 所示。

图 3-2-7　铣内孔

任务 2.4　铣带圆角矩形

带圆角矩形

2.4.1　加工准备

机床正常开机，各轴进行回参考点操作。在铣带圆角矩形前，需要确定夹具安装是否稳固、毛坯是否装夹稳定、主轴当前是否安装刀具、刀具是否进行了对刀操作、是否建立了工件坐标系。

2.4.2　设定参数

依次按机床面板上的【MDI】【PROG】键，选择"F8 参数化编程""E1 预制加工""CF4. 铣圆角矩形轮廓"。

根据弹窗提示以及文字说明进行参数设定，如图 3-2-8 所示。

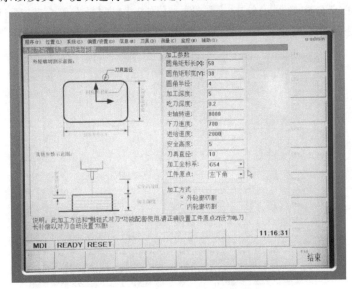

图 3-2-8　铣带圆角矩形参数设定

2.4.3 运行程序

参数设定完成后，依次按机床操作面板上的【程序运行】【手轮试切】【程序启动】键。

使用手轮控制程序运行，待实际运行轨迹与设定参数无误后，关闭手轮试切，如图 3-2-9 所示。

图 3-2-9 铣带圆角矩形

任务2.5 测头分中

测头分中

2.5.1 加工准备

机床正常开机，各轴进行回参考点操作。在进行测头分中操作前，当前主轴刀位安装的测头需要完成测头配置、打表和标定。

2.5.2 操作说明

以外矩形中心点分中为例，单击【测量】→【测头】，选择左侧"E1 手动"→"CF1. 外矩形中心点"，如图 3-2-10 所示。

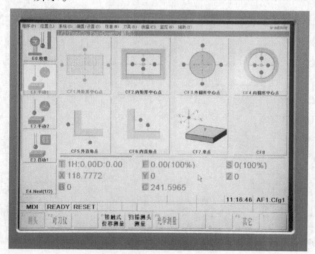

图 3-2-10 测头界面信息

1）原点设置在"外矩形中心点"测量功能项界面设置目标更新原点 G54，如图 3-2-11 所示。

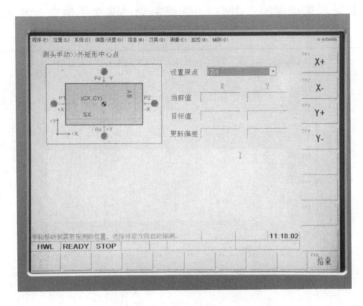

图 3-2-11　外矩形中心点界面信息

2）测量点探测。进行 X+向探测，用手轮控制测头到外矩形左侧 X+探测面附近，如图 3-2-12 所示，测头表面与目标面距离目测约为 10mm 左右（最大不超过 15mm）。在"外矩形中心点"测量功能项界面右侧单击"X+"或在操作面板中按【CF1】键，进行 X+向探测。X+向探测完成后，"X+"向探测按钮消失。

3）用与 X+探测相同的方法，依次完成 X−向、Y+向、Y−向的探测。

4）原点更新。单击界面右侧【更新原点】按钮，或在操作面板中按【CF7】键，执行更新原点操作，更新原点完成。

图 3-2-12　测量点探测

5）Z 轴回零。单击【Z 轴回零】，测头会移动至安全位置。

6）退出功能项，单击下侧【F10. 结束】。

任务 2.6　单点触碰

单点触碰

2.6.1　加工准备

机床正常开机，各轴进行回参考点操作。在进行单点触碰操作前，使用的测头需完成测头的配置、打表和标定。

2.6.2 操作说明

单击【测量】下拉菜单中的"测头",选择左侧"测头手动""单点",如图 3-2-13 所示。

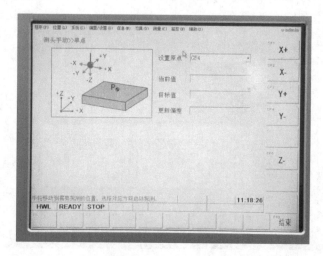

图 3-2-13 单点触碰

1) 设置加工原点,选择 G54。

2) 测量点探测。用手轮控制测头到工件上表面附近,如图 3-2-14 所示,测头表面与目标面距离目测约为 10mm 左右。在"单点"测量功能项界面右侧单击"CF7. Z-",进行 Z-向探测,探测结束后回到探测前位置。

3) 原点更新。单击界面右侧【CF7. 更新原点】按钮。

4) Z 轴回零。单击【Z 轴回零】,测头会移动至安全位置。

5) 退出功能项,单击下侧【F10. 结束】。

图 3-2-14 测头到工件上表面附近

任务 2.7 主轴预热

主轴预热

2.7.1 预热准备

机床正常开机,各轴进行回参考点操作。在进行主轴预热前,需要在主轴上安装一个刀柄。

2.7.2 设定参数

依次按机床面板上的【MDI】【PROG】键,选择"F8 参数化编程""E2 设备准备"

"CF4. 主轴预热"，如图 3-2-15 所示。

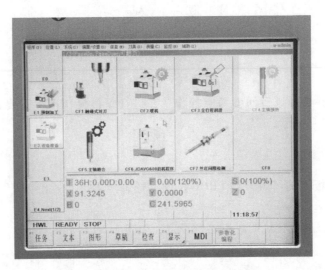

图 3-2-15　主轴预热设定参数界面

根据弹窗提示以及文字说明进行参数设定，如图 3-2-16 所示。

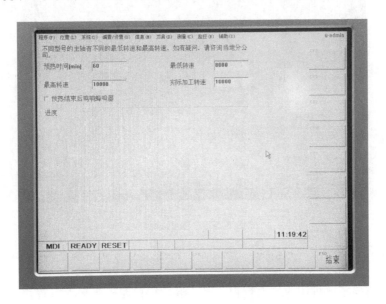

图 3-2-16　主轴预热界面

操作提示：
进度条会显示主轴预热的进度百分比，最高转速不要超过机床最大转速。

2.7.3　程序运行

参数设定完成后，依次按机床操作面板上的【程序运行】【手轮试切】【程序启动】键。
使用手轮控制程序运行，待实际运行状态与设定参数无误后，关闭手轮试切。

任务 2.8 暖 机

暖机

2.8.1 暖机准备

机床正常开机,各轴进行回参考点操作。在进行暖机操作前,需要在主轴上安装一个刀柄。

2.8.2 设定参数

依次按机床面板上的【MDI】【PROG】键,选择"F8 参数化编程""E2 设备准备""CF2. 暖机"。

根据弹窗提示以及文字说明进行参数设定,如图 3-2-17 所示。

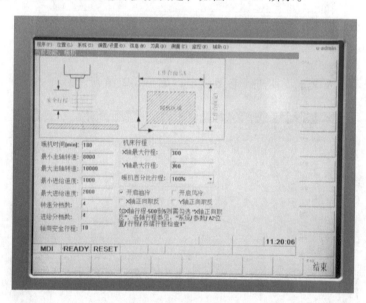

图 3-2-17 暖机界面

操作提示:

1)暖机前需要了解机床的最大行程,保证暖机行程在机床最大行程之内,同时需要注意各个位置干涉。

2)暖机的最大转速需要按照实际加工的最大转速进行设定。

3)暖机的目的是使进给部件、主轴部件升温,以达到热平衡,获得最好的加工精度。

2.8.3 程序运行

参数设定完成后,依次按机床操作面板上的【程序运行】【手轮试切】【程序启动】键。

使用手轮控制程序运行,待实际运行轨迹与设定参数无误后,关闭手轮试切。

任 务 小 结

1）本任务介绍了几种常见的参数化编程的使用方法，包括铣平面、铣外圆、铣内孔、铣带圆角矩形，使用测头进行分中和单点触碰，并熟悉了主轴预热和暖机操作。

2）通过熟练掌握上述操作方法，可完成简单的加工前期准备工作。

3）操作技能需要反复练习才能融会贯通。

思 考 题

（1）讨论题

1）使用内孔命令时最大半径、最小半径与刀具直径有哪些关系？

2）5轴机床使用测头分中之前，需不需要对其他2个轴进行回参考点操作？

3）主轴预热的好处有哪些？

4）使用测头进行外矩形分中时需要注意探测点的顺序吗？

（2）选择题

1）使用外圆形分中的分中顺序可以是（　　　　）。

A. X+→Y+→X-→Y-　　　　　　B. X+→X-→Y+→Y-

C. Y+→X+→Y-→-X　　　　　　D. Y+→Y-→X+→X-

2）铣内孔时内孔的直径（d_1）与刀具直径（d_2）的关系为（　　　　）。

A. $d_1 > d_2$　　　　　　　B. $d_1 < d_2$　　　　　　　C. $d_1 \leq d_2 \leq 2d_1$

3）暖机是以（　　　　）为单位进行输入。

A. 秒　　　　　　　　　　B. 分钟　　　　　　　　　　C. 小时

4）主轴预热是以（　　　　）为单位进行输入。

A. 秒　　　　　　　　　　B. 分钟　　　　　　　　　　C. 小时

（3）判断题

1）暖机的行程需要在机床行程之内。（　　　　）

2）使用铣矩形面命令时必须确定工件坐标系原点。（　　　　）

3）使用铣矩形面命令可以指定刀库中的任何一把刀进行加工。（　　　　）

4）使用测头分中前需要对测头进行标定。（　　　　）

5）使用测头进行单点触碰时可以直接使用手轮控制移动测头的红宝石与工件面接触。（　　　　）

6）使用单点触碰得到的数据值可以保存在G55的Z值中。（　　　　）

支撑座数控加工

知识点介绍

通过本任务，了解 3 轴加工的基本流程，掌握支撑座加工方法，并能够熟练地掌握建立工件坐标系、建立刀具长度、试切自动加工等方法。

能力目标要求

1）了解加工前应检查的物料状态及规格。
2）掌握夹具与工件毛坯的安装方法及安装流程
3）掌握装刀的基本操作方法。
4）学会使用测头确定工件坐标系。
5）学会使用接触式对刀仪建立刀具长度。
6）学会导入数控加工程序，并会初步检查程序。
7）掌握工件二次装夹需要注意的事项。
8）完成实例产品的加工。

任务 3.1 加工物料检查

3.1.1 毛坯检查

本任务加工模块 2 任务 4 支撑座零件。根据所提供的工艺单，确定其材料为 6061 铝合金；检查毛坯尺寸是否合适；最后检查毛坯外形与热处理情况，判断是否影响接下来的加工。

3.1.2 刀具检查

1. 刀具规格检查

根据工艺单，确定本次加工共使用 5 把刀具和测头，分别为 D10 平底刀、D4 平底刀、D3 平底刀、D90 大头刀和 D5 测头，如图 3-3-1 所示。

2. 刀具状态

观察刀具切削刃是否存在磨损或破损，如图 3-3-2 所示。
观察刀具是否为加工铝用刀具，如图 3-3-3 所示。

图 3-3-1　加工刀具

3. 装刀长度检查

根据工艺单上的刀具伸出长度，使用钢直尺或游标卡尺进行测量，观察刀具是否满足加工要求，如图 3-3-4 所示。

图 3-3-2　刀具切削刃处图　　图 3-3-3　加工铝用刀具　　图 3-3-4　刀具伸出长度检查

3.1.3　夹具检查

1. 夹具规格

由工艺单可知，该支撑座的装夹方式为机用平口钳装夹，故选用行程为 150mm 的精密机用平口钳。

2. 夹具状态

精密机用平口钳钳口应无锈迹、无破损，具有一定的夹紧力，且满足加工要求。

3.1.4　机床检查

1. 机床参数检查

检查刀具长度参数与工件坐标系是否清零，如图 3-3-5、图 3-3-6 所示。

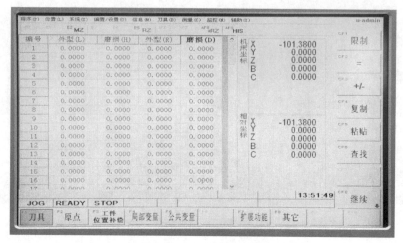

图 3-3-5 刀具长度参数

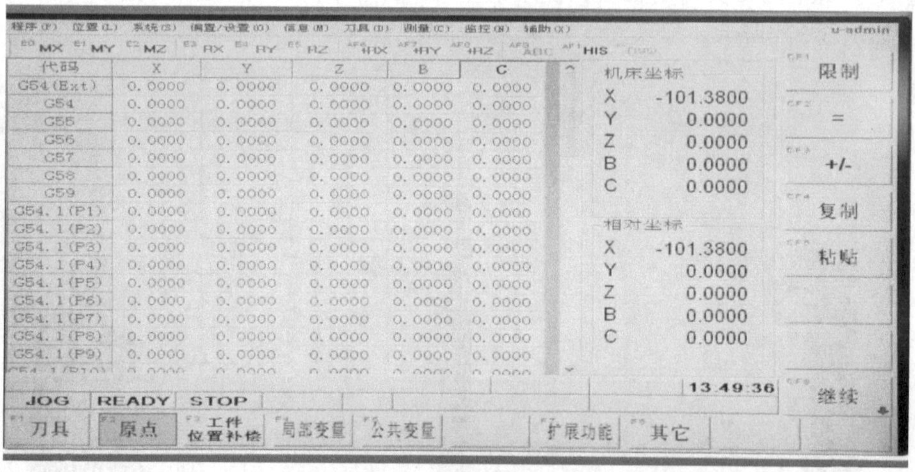

图 3-3-6 工件坐标系参数图

检查工件位置补偿中是否有值，如有将其清零，如图 3-3-7 所示。

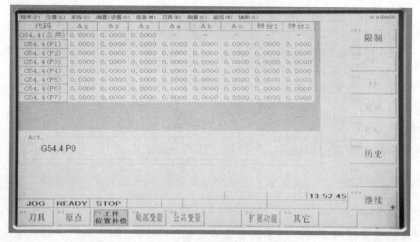

图 3-3-7 工件位置补偿值

2. 切削液浓度检测

使用折光仪检测切削液浓度是否在 5%~8% 范围内。折光仪如图 3-3-8 所示。

图 3-3-8 折光仪

3. 水箱液位检查

观察水箱液位计数值，保证液位在 7~9 之间，如图 3-3-9 所示。

4. 刮板排屑器滤网检查

观察刮板排屑器滤网是否发生堵塞，如出现堵塞情况，需及时更换滤网，如图 3-3-10 所示。

图 3-3-9 水箱液位

图 3-3-10 刮板排屑器滤网

5. 制冷机液位检查

观察制冷机液位计，保证液位处于 60~100 之间，如图 3-3-11 所示。如低于最低液位，需及时添加制冷液。

6. 润滑油箱液位检查

观察油箱液位计，保证液位处于 6~9 之间。

7. 集屑车检查

保证集屑车内废屑与加工材料一致且满足加工过程中废屑的存储要求，如图 3-3-12 所示。

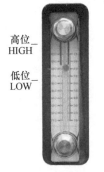

图 3-3-11 制冷机液位计

图 3-3-12 集屑车

8. 机床加工区域检查

检查机床加工区域是否存在其他材料废屑，避免加工过程中多种材料积屑混合，影响加工质量。

任务 3.2 加工准备

加工准备

3.2.1 夹具安装

在工作台面上安装机用平口钳时，先清理好接触面，将机用平口钳放置在工作台有效区域内，然后调整位置，固定，如图 3-3-13 所示。调整位置时要注意固定钳口面在竖直平面和平行平面的平面度。

用螺钉固定时，需要采用对角加力、逐点加力的方法。采用压板时，注意在压板下面增加铜皮，避免压伤台面。

3.2.2 毛坯装夹

当毛坯厚度足够时，可以选择将毛坯直接夹紧在机用平口钳上；当毛坯厚度较小时，需要将毛坯固定在工装上，用机用平口钳将工装夹紧。夹紧前要用百分表（或千分表）将毛坯的上表面调水平。

根据工艺单提供的装夹方向、夹持余量和装夹方式进行毛坯的装夹，如图 3-3-14 所示。

图 3-3-13 安装机用平口钳

图 3-3-14 毛坯装夹

3.2.3 装刀

装刀步骤如下：

1）清理、擦拭；

2）安装弹簧夹头；

3）将装有弹簧夹头的螺帽安装到刀柄上；

4）将刀具插入弹簧夹头定位孔并拧紧；

5）锁紧螺帽；

6）根据工艺单，按照顺序将刀具装入对应的刀库号中。

任务3.3　确定工件坐标系

分中操作

3.3.1　测头标定

将测头安装至机床上，使用触碰式对刀仪校正刀具长度。对刀结束后，进入【测量】界面，选择测头标定选项，根据机床提示完成测头标定，如图3-3-15所示。

3.3.2　分中操作

参考本模块任务1的1.7.3节建立工件坐标系，完成反面加工分中操作，如图3-3-16、图3-3-17所示。

图3-3-15　测头标定　　　　图3-3-16　X、Y中心值　　　　图3-3-17　Z向值

任务3.4　建立刀具长度

对刀操作

3.4.1　加工前暖机

在机床开始加工前，3轴机床需使用暖机程序进行1h的暖机操作（转速、进给应与加工程序一致），使机床状态保持稳定。

3.4.2　对刀操作

参考本模块任务1的1.7.4节建立刀长，完成刀具和测头的对刀过程，如图3-3-18、图3-3-19所示。

图 3-3-18　建立测头长度

图 3-3-19　建立刀长

任务 3.5　反面加工

3.5.1　数控程序导入

按【PROG】键，选择【编辑】，在"任务"窗口打开已经编辑好的反面加工数控程序，如图 3-3-20 所示。

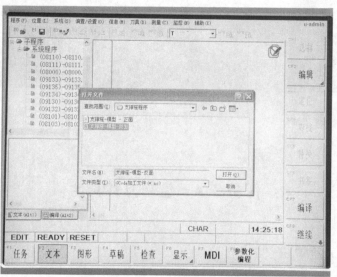

程序调用
及检查

图 3-3-20　打开反面加工数控程序

3.5.2　程序检查

程序打开完成后，首先检查并修改刀具编号、刀长补偿编号和加工坐标系等参数，然后单击【CF7 编译】对程序进行编译，检查程序中是否存在错误，如图 3-3-21 所示。在视图中观察程序的加工路径是否正确。

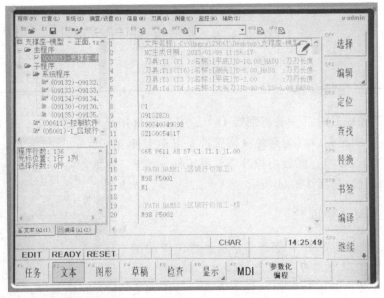

图 3-3-21 反面加工程序检查

注：如程序出现编辑错误，进行编译时会出现提示。通过不同的视图方式观察刀具路径，初步判断加工程序的编辑和坐标点的设置是否正确。

3.5.3 试切加工

关闭自动冷却功能，选择【程序运行】键和【手轮试切】键，按【程序启动】键，用手轮进行试切。当刀具与工件接触并开始加工时，观察剩余量坐标值，当剩余量坐标值第一次为零时，第一个路径加工完毕，如图 3-3-22 所示。判断加工程序和工件坐标系设置均正常后，再次按【手轮试切】键进行自动加工。

3.5.4 自动加工

暂停程序、选择 Z 轴回参考点或回到 Z 轴安全位置，按【复位】键，关闭手轮试切。开启自动冷却功能，按【程序启动】键，执行自动加工功能，如图 3-3-23 所示。

试切及自动加工

图 3-3-22 试切加工

图 3-3-23 反面自动加工

任务 3.6 正面加工

3.6.1 正面毛坯装夹

将反面加工完成后的工件毛坯翻转 180°，安装至机用平口钳钳口处，钳口与工件夹持位置为 4~8mm，固定钳口（为避免夹伤工件，可在工件与钳口接触面垫上铜片），然后用橡胶锤敲平工件，使垫铁与工件紧密贴合，如图 3-3-24 所示。

3.6.2 正面分中操作

调出测头，使用矩形分中命令，分别触碰工件的侧面，保证正面加工基准与反面一致。确定 Z 向基准时，根据工艺单，将 Z 向基准放置在垫铁上表面，故用测头触碰垫铁上表面，完成分中，如图 3-3-25 所示。

3.6.3 数控程序导入

按【PROG】键，选择【编辑】，在"任务"窗口打开已经编辑好的正面加工数控程序，如图 3-3-26 所示。

图 3-3-24 正面毛坯装夹

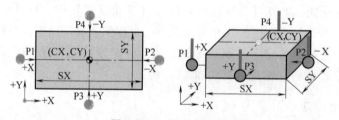

图 3-3-25 分中示意图

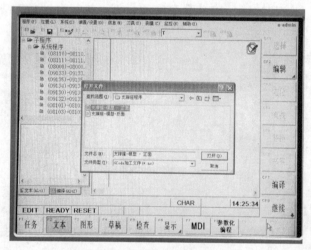

图 3-3-26 打开正面加工数控程序

3.6.4　程序检查

程序打开完成后，首先检查并修改刀具编号、刀长补偿编号和加工坐标系等参数，然后单击【CF7 编译】对程序进行编译，检查程序中是否存在错误，如图 3-3-27 所示。在视图中观察编辑程序的加工路径是否正确。

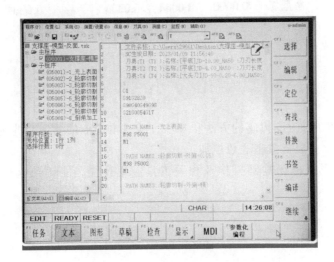

图 3-3-27　正面加工程序检查

注：如程序出现编辑错误，进行编译时会出现提示。通过不同的视图方式观察刀具路径，初步判断加工程序的编辑和坐标点的设置是否正确。

3.6.5　试切加工

关闭自动冷却功能，选择【程序运行】键和【手轮试切】键，按【程序启动】键，用手轮进行试切。当刀具与工件接触并开始加工时，观察剩余量坐标值，当剩余量坐标值第一次为零时，第一个路径加工完毕。判断加工程序和工件坐标系设置均正常后，再次按【手轮试切】键，可以进行自动加工。

3.6.6　自动加工

暂停程序、选择 Z 轴回参考点或回到 Z 轴安全位置，按【复位】键，关闭手轮试切，开启自动冷却功能，按【程序启动】键，执行自动加工功能。工件正面如图 3-3-28 所示。

图 3-3-28　工件正面

3.6.7　在机测量数据

在机测量数据如图 3-3-29 所示。

圆柱_3	圆柱度	0.0000	0.0001	0.0100	---	0.0001	0.00
平面	法矢X	0.0000	-0.0000	---	-0.0000		
平面	法矢Y	0.0000	0.0000	---	0.0000		
平面	法矢Z	1.0000	1.0000	---	-0.0000		
平面	平面度	0.0000	0.0007	0.0100	---	0.0007	0.00
平面	X夹角	90.0000	89.9994	0.0200	-0.0200	-0.0006	0.00
同轴度	同轴度	76.4853	76.4887	0.0300	---	0.0034	0.00
垂直度	垂直度	0.0000	0.0004	0.0300	---	0.0004	0.00

图 3-3-29　在机测量数据

任 务 小 结

1）本任务介绍了加工支撑座的方法和步骤，经过本任务的学习，应能够掌握 3 轴加工的基本流程，能独立完成支撑座的数控加工。

2）掌握 JD50 系列机床基础操作及相关工具应用技能，能够独立操作机床完成加工任务。

思 考 题

（1）讨论题

1）工件坐标系的原点设置在毛坯的什么位置？

2）机床原点和工件坐标系原点有何不同？

3）定位高度该如何设置，才能在加工中不发生撞刀？原因是什么？

4）加工时如果不进行手轮试切，会出现什么后果？

5）加工前需要进行哪些准备工作？

6）为什么要分中、对刀、标定？

7）正面分中时为什么要分中反面加工过的面？

8）加工前为什么要检查刀具补偿值和加工坐标值？

9）夹具为什么要用千分表拉平？

10）装刀时为什么要清洁夹头和刀柄？不清洁会造成什么样的后果？

（2）判断题

1）毛坯不需要顶部居中。（　　）

2）加工平面时需要在轮廓外部下刀。（　　）

3）装刀时刀柄卡口不需要与装刀座卡口重合。（　　）

4）把刀装到机床上时要在无缝隙时再松按钮。（　　）

5）打测头时圆跳动在 0.002mm 以内。（　　）

6）分中之前要先进行测头标定。（　　）

7）选择对刀宏程序前需要按【MDI】和【RESET】键。（　　）

8）在对刀时不需要观察刀具和机床状态。（　　）

9）在开始第一次加工时要开启选择停止和手轮试切。（　　）

10）在刀具接触到工件前先关闭切削液，观察刀具加工是否与程序的下刀位置一致。（　　）

任务4

起落架支架数控加工

知识点介绍

通过任务，了解5轴加工基本流程，掌握起落架支架加工方法，并能够熟练地掌握建立工件坐标系、建立刀具长度、试切自动加工等方法。

能力目标要求

1）了解加工前的检查内容及流程。
2）掌握夹具与工件毛坯的安装方法以及安装流程。
3）掌握装刀的基本操作。
4）掌握使用测头确定工件坐标系的方法。
5）掌握使用接触式对刀仪建立刀具 H 补偿的方法。
6）掌握导入数控程序以及检查数控程序的方法。
7）完成工件实例产品的加工。

加工分析

任务 4.1　加工物料检查

加工物料检查

4.1.1　毛坯检查

本任务加工模块 2 任务 6 起落架零件，首先对照工艺单，检查毛坯材料是否为 6061 铝合金；其次检查毛坯尺寸是否与软件中所设理论模型尺寸一致；最后检查毛坯外形与热处理情况，判断是否影响后续加工。

4.1.2　刀具检查

1. 刀具规格检查

根据工艺单，检查本任务加工所需刀具规格，如图 3-4-1 所示。

2. 刀具状态

检查刀具切削刃是否存在磨损或破损；检查刀具是否为加工铝合金专用刀具。刀具情况如图 3-4-2 所示。

3. 装刀长度检查

对照工艺单中的建议装夹长度，使用钢直尺或游标卡尺等量具测量刀具实际装夹长度，观察其是否满足加工要求，如图3-4-3所示。

刀具名称	刀柄	输出编号	长度补偿号	半径补偿号	备刀	加锁	使用次数	刀具伸出长度	刀组号	刀组使用T/H/D
[平底]JD-6.00_BT30	HSK-A50-ER25-080S	1	1	1			14	30	---	---
[平底]JD-4.00_BT30	HSK-A50-ER25-080S	2	2	2			4	26	---	---
[平底]JD-2.00_BT30	HSK-A50-ER25-080S	3	3	3			2	25	---	---
[钻头]JD-5.50_1	HSK-A50-ER25-080S	4	4	4			2	55	---	---
[钻头]JD-4.00	HSK-A50-ER25-080S	5	5	5			2	27	---	---
[测头]JD-4.00	HSK-A50-RENISHAW	6	6	6			9	50	---	---
[球头]JD-4.00_BT30	HSK-A50-ER25-080S	7	7	7			1	20	---	---
[大头刀]JD-90-0.20-6.00_BT30	HSK-A50-ER25-080S	8	8	8			5	30	---	---

图 3-4-1　刀具规格

图 3-4-2　刀具

图 3-4-3　检查刀具装夹长度

4.1.3　夹具检查

1. 夹具规格

对照工艺单，选择对应的夹具进行装夹。本任务选用零点定位系统配合精密机用平口钳进行装夹。

2. 夹具状态

检查精密机用平口钳钳口有无生锈、破损等，确定其能否满足加工要求，夹具状态如图3-4-4所示。

4.1.4　机床检查

1. 机床参数检查

检查机床中刀具界面的 L、H、R、D 列参数是否清零，如图3-4-5所示。

检查机床中工件坐标系参数是否清零，如图3-4-6所示。

检查机床中工件位置补偿参数是否清零，如图3-4-7所示。

2. 切削液浓度检查

使用折光仪检测切削液浓度是否在 5%～8% 范围内。

图 3-4-4　夹具状态

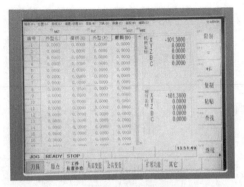

图 3-4-5　机床刀具参数

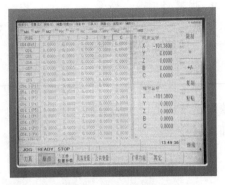

图 3-4-6　工件坐标系参数

图 3-4-7　工件位置补偿参数

3. 水箱液位检查

观察液位计示数，一般保证液位处于 7~8 之间即可。

4. 刮板排屑器滤网检查

观察刮板排屑器滤网是否发生堵塞，若发生堵塞，需进行清理或更换。

5. 制冷机液位检查

观察主轴制冷机液位计，确保液位处于 70~80 之间即可，如图 3-4-8 所示。

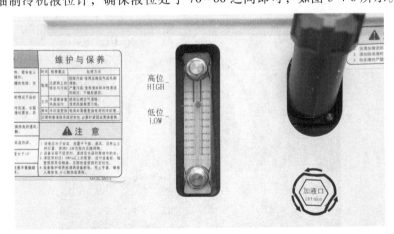

图 3-4-8　主轴制冷机液位

6. 润滑油箱液位检查

观察润滑油箱液位计，保证液位处于 7~8 之间。润滑油箱液位如图 3-4-9 所示。

7. 集屑车检查

清理集屑车内的废屑；确保集屑车有足够的空间放置后续加工产生的废屑；保证集屑车内的废屑与加工材料一致。

8. 机床加工区域检查

检查机床加工区域内是否存留废屑，保证在后续加工前机床加工区域干净整洁。机床加工区域如图 3-4-10 所示。

图 3-4-9　润滑油箱液位

图 3-4-10　机床加工区域

加工上机准备

任务4.2　加 工 准 备

4.2.1　夹具安装

在工作转台上安装零点定位系统时，先清理好接触面，将零点定位系统放置在工作转台中心位置并固定。通过转动 C 轴使固定钳口与 X 轴（Y 轴）保持平行，具体夹具位置需对照工艺单进行调整，如图 3-4-11 所示。在工件坐标系界面的 G54 坐标中记录此时 C 轴的坐标。

图 3-4-11　夹具安装

4.2.2　毛坯装夹

对照工艺单的装夹位置、装夹方式、装夹角度、施加的夹持力，对毛坯进行装夹，如图3-4-12所示。

4.2.3　装刀

1. 装刀步骤

1）清理、擦拭；

2）安装弹簧夹头；

3）将装有弹簧夹头的螺帽安装到刀柄上；

4）将刀具插入弹簧夹头定位孔并拧紧；

5）锁紧螺帽。

图 3-4-12　毛坯装夹

2. 刀库装刀

根据刀具表，按照刀号顺序将刀具装入对应刀库号中，如图3-4-13所示。

图 3-4-13　刀库装刀

任务4.3　确定工件坐标系

4.3.1　暖机

在加工过程中，直线轴、旋转轴配合刀具运动，完成材料切削。在整个加工过程中各个轴和机床主轴伴随着运动会产生热伸长，影响测头的测量精度。为保证测头标定以及校验轴心的准确性，采用机床暖机程序，在转速 7000r/min 情况下暖机 2h，使机床达到稳定加工状态。

4.3.2　标定测头及校验轴心

将测头安装到机床上，使用触碰式对刀仪校正测头长度。对刀结束后，安装标准球，选择测头标定选项，最后根据机床提示完成测头标定。打开测头校验轴心程序，运行程序，根据机床提示完成轴心校验操作，更新轴心坐标参数，结束程序运行。校验轴心如图 3-4-14 所示。

操作提示：

测头、刀长出现超过 0.05mm 的误差，需进行测头标定。

车间环境温度变化为 ±0.5℃ 时，每周校验一次轴心。

4.3.3　分中操作

根据工艺单中的分中方式和分中基准，使用测头运行机床内置测头分中宏程序，确定工件坐标系 X、Y 坐标，使用测头运行测头单点宏程序，确定工件坐标系 Z 坐标。分中操作如图 3-4-15 所示。

图 3-4-14　校验轴心

图 3-4-15　分中操作

操作提示：

具体操作请参考本模块任务 1 的 1.7.3 节的建立工件坐标系部分。

任务4.4　建立刀长

4.4.1　加工前暖机

为保持机床加工状态的稳定，采用暖机程序进行 1h 的暖机，主轴转速与实际加工转速保持一致。

4.4.2　对刀操作

在 MDI 模式下，运行参数化编程中的触碰式对刀仪程序，选择单把刀对刀类型，完成所有加工刀具的对刀操作。对刀操作如图 3-4-16 所示。

操作提示：

具体对刀操作请参考本模块任务 1 的 1.7.4 节中的建立刀长操作。

分中操作

对刀操作

图 3-4-16　对刀操作

任务4.5　程序导入及检查

程序调入
及检查

4.5.1　数控程序导入

在编辑模式下，按【PROG】键，在"任务"窗口找到对应的数控程序并打开，导入数控程序，如图 3-4-17 所示。

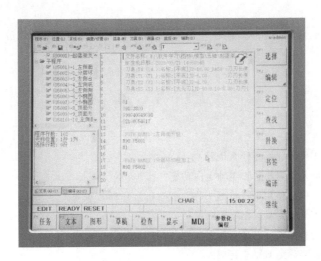

图 3-4-17　数控程序导入

4.5.2　程序检查

打开数控程序后，对照工艺单，检查并修改刀具编号、刀长补偿编号和工件坐标系等参数，然后单击【CF7 编译】对程序进行编译，检查程序中是否存在错误。

操作提示：

如程序出现编辑错误，进行编译时会出现提示。

任务4.6　试切及自动加工

4.6.1　试切加工

选择【程序运行】键和【手轮试切】键，按【程序启动】键，关闭自动冷却功能，通过转动手轮进行试切。观察对比当前刀具与工件的位置和绝对坐标与剩余量对应坐标值之和的差别；另外，观察刀具下刀位置。若无明显差别，则可判断加工程序正常。

4.6.2　自动加工

开启主轴喷淋功能，开启自动冷却功能，关闭手轮试切按钮，程序自动运行。

试切及自动加工

任 务 小 结

1）本任务介绍了加工起落架支架的方法和步骤，经过本任务的学习，应能够掌握5轴机床的基本操作流程，能独立完成起落架支架的加工。

2）通过举一反三，可自行熟悉其他未涉及的加工方法，如激光对刀仪的使用，用测头测量平面度等。

3）掌握JD50系列机床基础操作及相关工具的应用技能，能够独立操作机床完成加工任务。

思 考 题

（1）讨论题

1）起落架支架的工件坐标系在什么位置？

2）测量刀具跳动时是否需要解除主轴定向功能？

3）找Z轴零点时，需要使用手轮将测头移动至毛坯上方5mm处吗？

4）装刀时，刀具刀号需要对应程序单吗？

5）程序导入机床后直接就可以进行加工吗？

6）工件分中之前需要确定C轴坐标吗？

7）加工前为什么要检查原点坐标？

8）3轴与5轴机床的夹具拉平方式有什么区别？

9）测头安装好后是否可直接进行测头标定？

10）刀库装刀前是否需要进行刀具装夹长度的检查？

（2）判断题

1）将HSK刀柄安装到机床上时，无需注意安装角度。（　　　）

2）安装测头时，无需检验测头跳动。（　　　）

3）进行起落架支架毛坯分中前，不需要将夹具拉正。（　　　）

4）在编辑模式下可进行对刀操作。（　　　）

5）装夹毛坯之前，不需要检查毛坯尺寸。（　　）

6）刀库装刀之前，需要用钢直尺检查刀具装夹长度。（　　）

7）在数控程序运行过程中，不需要开启手轮试切功能。（　　）

8）夹具需要安装在工作转台中心。（　　）

9）校验轴心之前不需要暖机。（　　）

10）加工前进行暖机后，不需要进行对刀操作。（　　）

参 考 文 献

[1] 魏康民. 机械加工工艺方案设计与实施 [M]. 北京：机械工业出版社，2019.

[2] 李方园. 智能制造概论 [M]. 北京：机械工业出版社，2021.

[3] 苏春. 数字化设计与制造 [M]. 3 版. 北京：机械工业出版社，2019.

[4] 郑维明，张振亚，杜娟. 智能制造数字化数控编程与精密制造 [M]. 北京：机械工业出版社，2022.

[5] 中国机械工程学会. 中国机械工程技术路线图：2021 版 [M]. 北京：机械工业出版社，2022.

[6] 袁哲俊，王选逵. 精密和超精密加工技术 [M]. 3 版. 北京：机械工业出版社，2016.

[7] 葛英飞. 智能制造技术基础 [M]. 北京：机械工业出版社，2019.

[8] 曹焕亚，蔡锐龙，苏宏志，等. SurfMill9.0 基础教程 [M]. 北京：机械工业出版社，2021.

[9] 曹焕亚，蔡锐龙. SurfMill9.0 典型精密加工案例教程 [M]. 北京：机械工业出版社，2021.

[10] 周济，李培根. 智能制造导论 [M]. 北京：高等教育出版社，2021.

[11] 王隆太. 先进制造技术 [M]. 3 版. 北京：机械工业出版社，2020.

[12] 陈明，梁乃明. 智能制造之路：数字化工厂 [M]. 北京：机械工业出版社，2016.

[13] 谭建荣，刘振宇. 智能制造：关键技术与企业应用 [M]. 北京：机械工业出版社，2017.

[14] 邓朝辉，万林林，邓辉，等. 智能制造技术基础 [M]. 2 版. 武汉：华中科技大学出版社，2021.

[15] 王芳，赵中宁. 智能制造基础与应用 [M]. 2 版. 北京：机械工业出版社，2022.

[16] 蒋明炜. 机械制造业智能工厂规划设计 [M]. 北京：机械工业出版社，2017.

[17] 王政. 推进数字化制造更智能 [N]. 人民日报，2023-01-17 (1).

[18] 温士俊. 浅谈数字化制造技术及其装备在中小型制造企业的应用 [J]. 中国设备工程，2022 (21)：67-69.

[19] 冒小萍. 论制造企业数字化领域技术应用 [J]. 上海电气技术，2022，15 (2)：70-74.

[20] 陈亮，王宁. 我国制造类企业数字化转型升级的挑战和机遇 [J]. 中国商讨，2021 (21)：123-125.

[21] 吴玉文，王帅，赵恒. 基于 MBD 的数字化制造技术研究 [J]. 河南科技，2021，40 (30)：31-33.

[22] QIAN Guiming. Research on Intelligent Manufacturing System Based on Internet and Big Data [J]. Proceedings of SPIE-The International Society for Optical Engineering，2022，1：23-48.

[23] 梅军. 数字化大潮中的数字化制造 [J]. 自动化仪表，2020，41 (5)：88-92+97.

[24] WANG Ping. Research on Application of Computer-Aided Intelligent Manufacturing Technology in Garment Industry Production [J]. Communications in Computer and Information Science，2022 (1590)：455-461.

[25] SILVA J M，DEL FOYO P M G，OLIVERA A Z，et al. Revisiting requirement engineering for intelligent manufacturing [J]. International Journal of Interactive Design and Manufacturing，2023 (17)：525-538.

[26] 许敬涵. 制造企业数字化转型能力评价研究 [D]. 杭州：杭州电子科技大学，2020.

[27] 汤军浪，李倍倍，倪慧文，等. 机械制造工艺及精密加工技术 [J]. 现代制造技术与装备，2023，59 (1)：142-144.

[28] 王国伟. 现代机械制造工艺及精密加工技术研究 [J]. 现代制造技术与装备，2022，58 (11)：167-169.

[29] SHOJAEINASAB A，CHARTER T，JALAYER M，et al. Intelligent manufacturing execution systems: A systematic review [J]. Journal of Manufacturing Systems，2022 (62)：503-522.

[30] 刘金良. 现代机械制造工艺与精密加工技术分析 [J]. 世界有色金属，2022 (24)：27-29.

[31] LI Bohu，HOU Baocun，YU Wentao，et al. Applications of artificial intelligence in intelligent manufactur-

ing：a review ［J］. Frontiers of Information Technology & Electronic Engineering，2017，18（1）：86-96.

［32］ 王媛媛. 智能制造领域研究现状及未来趋势分析 ［J］. 工业经济论坛，2016，5（3）：530-537.

［33］ LEO KUMAR S P. State of the Art-Intense Review on Artificial Intelligence Systems Application in Process Planning and Manufacturing ［J］. Engineering Applications of Artificial Intelligence，2017，65：294-329.

［34］ 刘献礼，刘强，岳彩旭，等. 切削过程中的智能技术 ［J］. 机械工业学报，2018，54（16）：45-61.